面向互联网资源的城市感知关键技术

周超然 张昕 冯欣 杨迪 岳鸣 著

国防工业出版社

·北京·

内容简介

本书聚焦于将互联网作为传感资源以实现城市感知，来解决传统感知技术面临的传感设备成本高、数据采样规模小、知识信息难挖掘等问题。通过分析相关理论方法，将城市感知划分为若干共性关键环节，总结出一个面向互联网资源的感知技术框架，概述了城市感知的研究路线，面向互联网位置服务数据资源发现、互联网泛在城市数据获取、低质城市数据整合与处理、实体关系表示与城市知识提取和服务应用构建五个关键技术问题给出解决方案。

本书可供城市计算、群智感知等领域的研究人员阅读。读者可通过学习本书建立城市感知知识体系，运用技术方法，进一步开展城市感知、时空数据管理与分析挖掘和智能应用服务构建等方面的研究工作。

图书在版编目(CIP)数据

面向互联网资源的城市感知关键技术／周超然等著.
北京：国防工业出版社，2024.9. -- ISBN 978-7-118-13454-4

Ⅰ.TU984

中国国家版本馆 CIP 数据核字第 20249Z2X90 号

※

国防工业出版社出版发行

（北京市海淀区紫竹院南路23号　邮政编码100048）
天津嘉恒印务有限公司印刷
新华书店经售

*

开本 710×1000　1/16　插页 2　印张 12½　字数 230 千字
2024 年 9 月第 1 版第 1 次印刷　印数 1—1500 册　定价 98.00 元

（本书如有印装错误，我社负责调换）

国防书店：(010)88540777　　书店传真：(010)88540776
发行业务：(010)88540717　　发行传真：(010)88540762

前　言

城市感知是城市计算的四大核心问题之一,其作为城市计算的基础环节,为城市数据管理、城市数据分析和应用服务等上层环节提供驱动资源。传统的城市感知技术主要依赖专业的传感器设备和专业人员的指导,这需要大量的资源、人力成本,且获取的数据存在覆盖范围较低、数据采集规模小的局限性。当前,群智感知将持有移动传感设备的人作为基本感知单元,结合众包的思想实现感知计算,相较于传统感知技术具有传感单元分布广泛、移动灵活、即时反应的优势。互联网作为群智感知的数据传输载体,存在大量、实时、复杂多样、获取成本低的数据资源。这些互联网数据资源中蕴含海量复杂、隐晦的专业信息,是一个拥有开发前景的知识宝库。基于互联网资源和群智感知技术的城市感知对推进城市信息化、数字化建设具有可期的研究前景与强烈的技术需求。

本书针对传统城市感知技术所面临的传感设备成本高、数据采样规模小、专业知识难挖掘等困境,结合数据科学和信息科学技术,研究面向互联网数据资源的城市感知技术。本书聚焦于面向互联网资源的城市感知存在的五个关键技术问题,以笔者总结的面向互联网资源的城市感知技术框架为理论支撑和技术路线指导,给出了各关键技术问题的解决方案和方法。五个关键技术:一是互联网位置服务数据资源发现技术,本书给出基于网页分析的位置服务数据资源发现模型,解决了互联网资源中位置服务信息复杂、特征隐晦、难以发现的技术难题;二是互联网泛在城市数据获取技术,给出基于深度学习的互联网泛在城市文本数据获取方法,以提取准确、全面的互联网泛在中文城市数据;三是低质城市数据整合与处理技术,给出基于短文本扩展的兴趣点城市功能信息补全方法和基于实体对齐的多源位置服务数据整合方法,解决多源位置服务应用的数据存在的属性信息模糊、数据重复、非均匀分布等问题,以整合客观、全面的位置服务数据;四是实体关系表示与城市知识提取技术,给出基于注意力机制和远程监督学习的城市关系知识提取方法,在一定程度上解决了大规模城市关系提取存在的计算复杂和时间成本高的问题;五是城市服务应用构建技术,给出基于网络模型的区域通行特征分析及趋势预测方法和基于多智能体的城区人群迁移行为预测方法,以解决城市场景中存在的实际问题。

  本书的内容和撰写工作获得了长春理工大学张昕老师的积极鼓励、专业指导和宝贵建议,在此表示衷心的感谢。此外,感谢长春理工大学计算机科学技术学院及物联网应用技术研究室师生在撰稿过程中给予的帮助和支持。本书的出版得到了国防工业出版社的大力支持和帮助,感激为本书出版辛勤付出的各位老师,并向所有帮助我们的同志表示深深的谢意!

  由于作者水平和研学时间有限,书中难免有不足之处,敬请广大读者批评与指正。

作者
2024 年 1 月

目录

第1章 绪论 ·· 1
1.1 概述 ·· 1
1.1.1 问题背景 ·· 1
1.1.2 价值与意义 ··· 3
1.2 技术现状 ··· 5
1.2.1 城市计算 ·· 5
1.2.2 城市感知 ·· 6
1.2.3 群智感知 ·· 7
1.2.4 互联网数据挖掘 ·· 8
1.3 本书的主要内容 ··· 10
1.4 本书组织结构 ·· 12

第2章 技术框架与基础理论 ··· 15
2.1 面向互联网资源的城市感知技术框架 ·· 15
2.1.1 互联网目标数据资源发现 ·· 17
2.1.2 文本数据识别与提取 ··· 17
2.1.3 城市数据管理与处理 ··· 19
2.1.4 城市知识提取 ·· 20
2.1.5 服务构建与城市改善 ··· 21
2.2 基础理论及方法 ··· 23
2.2.1 深度学习 ·· 23
2.2.2 集成学习 ·· 25
2.2.3 词嵌入 ··· 26
2.2.4 文本分类 ·· 26
2.2.5 命名实体识别 ·· 27
2.2.6 实体对齐 ·· 28
2.2.7 关系提取 ·· 28

2.3 本章小结 ………………………………………………………… 29

第3章 互联网位置服务数据资源发现技术 ………………………… 30

3.1 关键问题阐释 …………………………………………………… 30
 3.1.1 问题解析 ………………………………………………… 30
 3.1.2 解决思路 ………………………………………………… 31
 3.1.3 相关技术基础 …………………………………………… 31
3.2 基于网页分析的位置服务数据资源发现模型 ………………… 34
 3.2.1 模型设计与结构 ………………………………………… 35
 3.2.2 引入多粒度概念的语义信息表示与嵌入构建 ………… 36
 3.2.3 输入嵌入的局部级注意力计算 ………………………… 37
 3.2.4 基于深度卷积神经网络的特征提取 …………………… 38
 3.2.5 引入网页结构特征的标签级注意力计算 ……………… 38
 3.2.6 模型训练 ………………………………………………… 39
3.3 基于注意力机制与集成学习的网页分析方法 ………………… 39
 3.3.1 基于注意力机制的 CNN 基学习器 …………………… 40
 3.3.2 基于网页结构特征的集成学习器构建 ………………… 43
3.4 资源发现模型性能评价 ………………………………………… 44
 3.4.1 实验设置 ………………………………………………… 44
 3.4.2 模型优化及分析 ………………………………………… 47
 3.4.3 实验结果及评价 ………………………………………… 51
3.5 本章小结 ………………………………………………………… 55

第4章 互联网泛在城市数据获取技术 ……………………………… 56

4.1 关键问题阐释 …………………………………………………… 56
 4.1.1 问题解析 ………………………………………………… 56
 4.1.2 解决思路 ………………………………………………… 57
 4.1.3 相关技术基础 …………………………………………… 57
4.2 基于深度学习的互联网泛在城市文本数据获取方法 ………… 61
 4.2.1 城市数据获取方法架构 ………………………………… 61
 4.2.2 基于深度学习的城市文本数据识别模型 ……………… 62
 4.2.3 基于网页特征与 Web 聚类的城市数据提取方法 …… 67
4.3 数据获取方法分析与评估 ……………………………………… 71
 4.3.1 实验设置 ………………………………………………… 72
 4.3.2 城市数据识别性能评估 ………………………………… 74

    4.3.3　EUWC 参数优化实验 ·· 76
    4.3.4　互联网泛在城市数据抽取性能评估 ······························ 79
  4.4　本章小结 ··· 81

第5章　低质城市数据整合与处理技术 ·· 82
  5.1　关键问题阐释 ··· 82
    5.1.1　问题解析 ·· 82
    5.1.2　解决思路 ·· 85
    5.1.3　相关技术基础 ··· 87
  5.2　基于短文本扩展的城市兴趣点功能信息补全方法 ·················· 92
    5.2.1　信息补全方法架构 ·· 92
    5.2.2　基于搜索引擎和 SiteQ 算法的扩展文本获取 ·················· 93
    5.2.3　POI 城市功能自动判别模型构建 ································· 96
  5.3　信息补全方法性能评价 ·· 100
    5.3.1　实验设置 ·· 100
    5.3.2　模型性能优化实验 ·· 101
    5.3.3　特征扩展与引入注意力对模型性能的影响 ··················· 104
  5.4　基于实体对齐的多源位置服务数据整合方法 ······················· 105
    5.4.1　数据整合方法架构 ·· 106
    5.4.2　基于多属性度量的 POI 实体对齐 ······························ 107
    5.4.3　基于 PSO 的度量属性权重优化 ································· 110
    5.4.4　基于实体对齐结果的数据整合 ·································· 111
  5.5　数据整合方法性能评价 ·· 112
    5.5.1　实验设置 ·· 112
    5.5.2　实体对齐方法评价 ·· 114
    5.5.3　位置服务数据整合示例 ·· 115
  5.6　本章小结 ··· 116

第6章　实体关系表示与城市知识提取技术 ·································· 117
  6.1　关键问题阐释 ··· 117
    6.1.1　问题解析 ·· 117
    6.1.2　研究思路 ·· 118
    6.1.3　相关技术基础 ·· 118
  6.2　大规模数据条件下的城市关系知识提取模型 ······················· 119
    6.2.1　模型架构 ·· 119

  6.2.2 多特征输入构建与表示 ……………………………………………… 121
  6.2.3 双向长短期记忆网络 ………………………………………………… 122
  6.2.4 卷积神经网络 ………………………………………………………… 123
  6.2.5 基于实例注意力计算的噪声信息过滤 ……………………………… 123
 6.3 关系提取方法性能评价 ……………………………………………………… 124
  6.3.1 实验设置 ……………………………………………………………… 124
  6.3.2 评价指标 ……………………………………………………………… 125
  6.3.3 结果分析 ……………………………………………………………… 126
 6.4 本章小结 ……………………………………………………………………… 126

第7章 服务应用构建技术 …………………………………………………… 127
 7.1 关键问题阐释 ………………………………………………………………… 127
  7.1.1 问题解析 ……………………………………………………………… 127
  7.1.2 解决思路 ……………………………………………………………… 128
  7.1.3 相关技术基础 ………………………………………………………… 129
 7.2 基于网格模型的区域通行特征分析及趋势预测 …………………………… 137
  7.2.1 融合时空相关性的神经网络路段行程时间预测方法 ……………… 137
  7.2.2 基于CNN-LSTM的区域交通流量预测方法 ……………………… 145
 7.3 基于多智能体的城区人群迁移行为分析方法 ……………………………… 152
  7.3.1 紧急情况下的多智能体仿真模型 …………………………………… 152
  7.3.2 基于多智能体的人群疏散迁移仿真模拟 …………………………… 160
 7.4 本章小结 ……………………………………………………………………… 171

第8章 总结与展望 ………………………………………………………………… 173
 8.1 总结 …………………………………………………………………………… 173
 8.2 未来展望 ……………………………………………………………………… 176

参考文献 ……………………………………………………………………………… 178

第1章 绪 论

信息化、数字化和智能化的城市建设离不开城市数据的效能。当前,传统城市数据感知技术存在感知成本高、数据感知规模局限、专业人员稀缺等困境。随着城市智能化发展,城市感知面临更加迫切的任务需求(如通信便捷的传感设备、全面的数据感知规模、准确的专业领域数据和节约资源的感知成本),因此开展智能感知理论的研究方法及技术体系建设越发重要。本书将互联网作为感知资源,开展面向互联网资源的城市感知(urban sensing)关键技术问题阐释与解决方案提出,具体包括理论方法框架建立、互联网位置服务数据资源发现、互联网泛在城市数据获取和低质城市数据整合与处理、实体关系表示与城市知识提取和城市位置服务应用构建六个方面,这些技术方案用于完善城市感知相关理论并解决关键问题,以实现便捷、高效、低耗的城市感知。

1.1 概述

1.1.1 问题背景

智慧城市的发展进程,即城市化进程,赋予人们现代化的生活方式,同时也带来了公共安全、灾难救援、空气污染、交通拥堵、能耗增加和规划落后等很多问题和挑战。随着大数据时代的到来,以城市数据为驱动的城市计算[1-2]通过构建基于位置服务(location based service,LBS)为交通、能源、环境保护、公共安全、城市建设等领域带来便捷与帮助,推动了智慧城市建设。城市数据如时空数据、流数据、气象数据、路网数据、城市兴趣点(point of interest,POI)数据、轨迹数据和社交媒体数据等作为孕育城市知识的基础,如何获取并感知高质量城市数据与信息化、智能化的城市发展息息相关,是城市计算学科研究工作开展的前提。

城市感知是基于数据传感与感知城市发展规律的理论技术,是城市计算的关键环节。我国十分重视城市感知方面的研究工作,《新一代人工智能发展规划》将跨媒体感知计算、群体智能等理论作为有望引领人工智能技术升级的研究方向。《国家"十三五"科技创新规划》指出,应重点发展"智能感知与认知"并要求"突破城市多尺度立体感知技术"。《智慧城市时空大数据平台建设技术大纲(2019版)》将城市数据的感知与资源构建作为重点发展方向,针对城市数据汇聚难、更新不及时、服务不智能、应用不聚焦等关键问题,建设智慧城市时空数据平台,利用城市感知相关理论和技术解决城市和社会生活中面临的复杂生态、环境发展和公共建设等国家重点需求领域的关键问题,具有深刻的理论价值和广泛的应用前景[3]。

针对城市感知这一课题,如何利用现有感知资源发现并获取城市中产生的各类城市大数据是其核心技术问题。传统城市数据感知与获取技术主要依赖专业人员与传感设备(如气象监测装置、环境监测与感知装置、视频采集设备、图像采集设备和音频采集设备等),难以高质量地完成具有广泛的感知设备覆盖范围、大规模的数据采集需求、低比例的噪声数据占比和节约性好的资源消耗成本等需求的城市感知任务。当前,城市感知面临着专业维护困难、资源成本高、覆盖范围受限、即时连接性差等技术难题。此外,这些方式实现了具体领域城市感知,而城市数据之间往往存在信息交叉,例如,根据人的移动性数据可以获取出部分道路结构及地图数据,社交媒体数据针对兴趣点的评价可以对兴趣点数据进行深度扩展,能耗数据的波动会影响环境与气象数据的预测。如何同步感知多领域城市数据并实现知识获取,是城市感知需要完善的方向[4]。

近年来,结合众包(crowdsourcing)[5]思想与移动设备感知能力的群智感知(crowdsensing)理论的出现和相关研究工作的开展,在公共安全、交通规划、环境治理等领域取得了积极成果,例如:美国联邦调查局(FBI)利用群体数据抓捕制造2013年波士顿爆炸案的嫌疑犯[6];2016年法国尼斯恐怖袭击的灾民安置任务中,法国警方利用推特(Twitter)媒体数据为受到恐怖袭击的群众寻找庇护所[7];京东智能城市研究团队通过分析人流量的变化动态部署公共资源[8];谷歌、高德和百度等LBS地图应用利用群智感知预测交通拥堵情况。群智感知是以人为基础感知单元参与城市感知过程,其通过互联网、物联网等进行信息传递与协作,利用分布广泛、移动灵活、即时反应的人群感知单元解决大规模动态感知的泛在时空覆盖的任务难题。群智感知赋予了城市感知灵活机动、泛在分布和成本低廉的传感资源,但仍面临一些挑战,例如:参与者提供的感知资源的不确定性和不诚实性,会产生更为自由无序、间接隐晦且难以控制的数据;参与者的个体理性和自私性,导致用户贡献数据的覆盖范围降低且与数据全集存在偏差;尽管群智感知降低了传感资源的部署成本,但面对需求多样的城市感知任务时参与者在没有达到期望回报时难以中长期地保持主动提交感知数据。鉴于上述问题,基于群智感知与物联网的城市感知理论,在构建高性能计算模型、感知规模覆盖广泛、感知数据分布均匀与全面等方面有着迫切需求。

互联网数据资源具有互联互融、创造价值高、大数据高流动、开放生态等特点[9]。互联网为城市感知提供了数据通信传输便捷、覆盖范围与感知规模广泛、内容信息更新频繁、感知成本低的感知资源。如今,越来越多的基于互联网数据挖掘与分析的智能应用为人们的生活带来了便捷,如用户人物属性发现[10]、用户活动轨迹预测[11]和城区功能辅助规划[12]等工作,这些成果为城市感知提供了新思路与理论参考。利用互联网数据资源发现位置服务所实现的智能感知,是完善现有城市感知理论的重要途径。由于互联网数据以文本数据为主要信息表示方式,面对数据资源及语义特征信息的表示与隐晦特征的提取,如何发现并感知互联网数据资源中的位置服务数据,以直接、有效的形式获取有效知识,延伸面向于城市计算领域的位置服务,结合各学科领域完善现有城市感知技术,是一个值得深耕的技术方向。

1.1.2 价值与意义

本书旨在利用互联网数据资源和群智感知及相关理论,面向大规模、即时连接、低成本城市感知的技术需求进行探索,为读者构建理论体系、提供解决方案和技术启发。本书内容为面向互联网资源的城市感知关键技术,来助力降低城市感知成本,提升城市感知效能,为复杂场景下的多样化感知任务提出关键方法、规划研究路线、构建技术方案,完善现有城市感知理论与方法。开展城市感知的价值与意义主要包含三个方面:一是各国城市建设的战略要点;二是城市服务应用构建的基础环节;三是城市各领域任务的技术需求。具体如下:

(1) 从智慧城市建设的战略角度而言,高质量的城市感知是城市智能化建设的先决条件。智慧城市以数字城市为基础框架,通过数据的存储、计算、分析和决策来对城市进行智能化的控制[13-14]。智慧城市已经成为世界各国数字化战略的重要内容,美国于20世纪90年代提出国家信息基础设施(NⅡ)和全球信息基础设施(GⅡ)计划的政府报告,提出建设全球信息化的概念。2009年,迪比克市与IBM合作,建立了美国第一个智慧城市。法国巴黎市政府于2006年推出《数字巴黎》计划。韩国制定《u-Korea战略》,以无线传感器网络为基础,以所有资源数字化、网络化、可视化、智能化为目标,以促进韩国经济发展和社会变革。2009年7月日本出台《i-Japan战略》,提出建立安心并充满活力的数字化社会。新加坡《智慧国家2025》以群智感知技术为核心,强调通过数据共享等方式,发挥人的主观能动性,实现更为科学的决策。欧盟启动《智慧城市和社区灯塔》伙伴计划,俄罗斯发布《15 大城市数字化计划》,印度发布《智慧城市》百城试点计划。2009 年 2 月,中国十余个省市签署共建协议,并参与提出《智慧的城市在中国突破》战略。证明城市数据已成为国家战略实施的核心资源。数据作为资源要素深度参与智慧城市的管理和运营活动,依靠大数据支撑实现服务和协同,通过大数据分析进行决策和管理。2012 年,美国政府发布"大数据研究和发展倡议书",将大数据称为未来世界的石油。中国科学院在《中国至 2050 年信息科技发展》中将数据知识产业作为国民经济增长的重要力量,推动产业结构升级的新型经济业态。针对以互联网为载体的大数据资源,通过相关理论和方法实现探索并挖掘出自然和社会的变化规律、人类行为、舆论导向等知识,能够帮助人们更深刻地理解数据背后的含义。自动和实时地感知现实世界中城市产生的各种信息和数据,对国家的城市发展与建设至关重要。

(2)从城市服务应用构建的角度而言,城市感知和数据获取作为城市计算的基础环节,为城市智能化的应用服务建设提供孕育平台。城市计算是一种解决城市各类问题的交叉学科,以感知数据为驱动,服务于城市发展中的各个领域。各类城市服务应用均离不开数据的感知和计算分析,基于城市数据的位置服务及相关应用,关系到城市居民健康、工作、个人生活等各方面。互联网数据蕴含大量有价值的信息,发现并感知互联网数据资源中的城市数据与信息,以直接、有效的形式获取有效知识,延伸位置服务及相关应用,使居民的生活更加便捷、安全,进而提升居民的城市幸福感。

(3)从城市感知技术需求角度而言,能够为城市感知的任务实现提供技术参考。感知任务的相关技术与方法性能仍面临部署与维护成本高、获取的数据全面性差等问题。虽然,群智感知方法在一定程度上能够克服这些缺陷,但仍面临感知数据分布不均匀、不干扰人们生活的被动感知和主观因素导致的数据质量瓶颈等挑战。本书设计了有针对性的创新方法,主要从以下方面完善城市感知理论体系和技术方法:①基于 Web 数据挖掘技术实现城市计算数据资源的自动、准确发现;②利用深度学习方法识别并获取多源网页数据资源泛在城市文本数据,可实现全面、高质量的城市数据集合构建;③采用短文本扩展、段落检索算法和深度神经网络模型补全城市数据的缺失信息,可用于城市数据进行清洗;④针对不均匀分布且不同类型的多源位置服务数据,采用实体对齐技术实现自动化、客观、低成本的整合;⑤面向大规模数据资源,采用基于远程监督学习的方法实现实体关系表示与城市知识提取;⑥基于网络模型的区域通行特征分析及趋势预测;⑦基于多智能体技术完成城区人群迁移行为分析方法。这些方法可为本书读者学习、研究城市感知理论和方法的提供参考。

1.2 技术现状

城市感知作为城市计算的关键问题之一,国内外学者及各领域从业者围绕基于互联网数据资源的城市感知做了大量工作。本节在城市计算的大背景下,从城市计算、城市感知、群智感知、互联网数据挖掘四个方面梳理并分析相关技术现状。

1.2.1 城市计算

城市计算是基于计算机科学及相关理论解决城市发展中面临的难题与挑战的学科,是以交通流、气象数据、道路网络、城市兴趣点、移动轨迹、能耗数据和社交媒体等城市大数据为驱动,与城市规划、交通、能源、环境、社会学和经济等学科融合的新兴领域。城市计算基本框架(图1.1)包含城市感知和数据获取、城市数据管理、城市数据分析与服务提供四个环节[1-2]。面对城市中复杂的任务需求,城市计算基于多样化的城市数据,通过管理、分析计算和服务构建等步骤来解决问题。

城市计算涉及的各领域应用均离不开城市数据的助力。在交通领域,基于全球定位系统(GPS)轨迹数据和路网数据等城市交通数据,通过解决交通流感知[15]、通行时间预测[16]、路况拥堵推断[17]、路径规划[18]和交通预测[19]等领域的具体任务,为居民出行带来便利。在环境领域,基于监测数据的城市计算应用对环境保护和居民身心健康有着重要价值。例如,利用周边监测站的气象监测信息预测当前区域的空气质量[20-22],利用群智感知技术观察城市噪声来源并为城市管理者提供决策辅助[23-24],基于群智感知技术的水源质量预测[25]。在城市规划领域,利用轨迹数据、兴趣点数据等城市数据和相关知识发现城市规划的不足之处,提出建议方案以改善现有道路规划[26]与城区功能设置[27-29]。在面向城市安全领域,许多研究及应用围绕灾害分析[30]、异常事件发现[31-32]、犯罪预测[33]等任务开展相关工作。城市计算中的社交娱乐应用通过从用户的历史行为数据提取出知识资源,如电影的票房和排名预测[34]、用户个性化推荐等[35-36]。城市计算在城市经济推动方面有许多可喜成果,如通过分析LBS数据评估地理位置与营收的关系,帮助商户进行店铺选址[37-39],基于历史数据挖掘预测小区的房价涨跌情况,帮助人们进行理财规划[40],根据时空数据分析预测市场购买力[41]等工作。面对城市公共资源的浪费与消耗,文献[8]提出利用人员流动数据来动态分配公共资源的方法,提高公共资源利用率;为提升医疗资源利用率,文献[42]利用移动救护车和救护事件的历史数据与深度强化学习对救护车资源实现动态部署;文献[43]根据快递员的运动轨迹数据推测出货物送达时间,避免执行多余操作;文献[44-45]从智能决策方面解决节能与高效双重需求的汽车充电站选址问题。

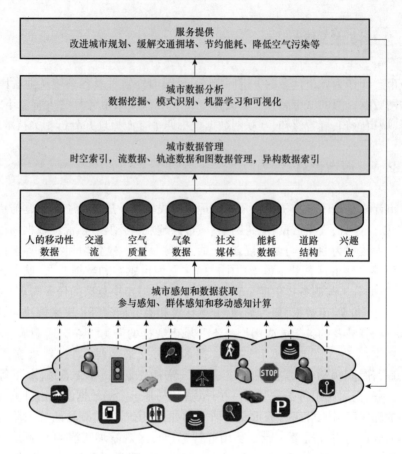

图 1.1 城市计算基本架构[1]

鉴于上述推动各领域智能化建设的成果说明,如今城市的发展离不开以数据为中心的城市计算。城市感知作为获取城市数据的环节,其理论方法的完善是开展城市计算的先决条件。

1.2.2 城市感知

人类社会正面临一系列复杂生态和发展问题,普适感知技术能为解决这些问题提供重要保障。"对人和环境的感知"一直是重要科学研究课题,属国家重大需求。2016年国家重点研发计划"云计算与大数据"专项确定"云端融合的感知认知与人机交互"为四个重点方向之一;国家"十三五"国家科技创新规划中提出以"新一代信息技术"中的人本计算、智能感知为重点发展方向,在智慧城市要"突破城市多尺度立体感知"技术。

社会及城市感知任务具有范围广、规模大、任务重等特点。目前感知系统还主要依赖预安装的专业传感设施(如摄像头、空气检测装置等)和专业人员。传统感知网络存在覆盖范围受限、投资及维护成本高等问题,使其感知范围、感知对象和应用效果受到很多限制。

城市感知和数据获取作为城市计算的基础环节,为城市计算的应用服务构建提供孕育平台[1-2]。在城市计算中数据的传统感知方式包括视频监控感知、环境气象监测感知、全球定位系统感知、位置服务感知、客流感知和设备感知等[4]。传统的城市传感器技术在为不同行业应用提供服务的同时,也直接或间接收集到了大量的城市时空数据这些数据,可用于城市计算的相关研究。

1.2.3 群智感知

随着移动互联网的不断发展,人们可以随时随地记录和分享自己的所见所闻,使"以人为传感器"对城市进行感知的群智感知技术日渐兴起[46]。基于移动设备的群智感知所获取的数据用于分析人们的活动以发挥他们的潜在价值[47]。《新一代人工智能发展规划》的六个发展方向之一是通过聚集群体的智慧解决问题的新模式,这与群智感知的核心思想相同。

如何利用群智感知技术解决城市感知所面临的挑战,达成准确、全面的感知效果是研究热点。2016 年,Injadat 等将社交网络作为数据感知的数据源,据统计已经有许多数据挖掘技术与社交媒体数据结合使用的研究成果用来解决 6 个工业和服务领域的 9 个具体任务,但仍有较大的完善、提高的空间,发现对社交媒体数据的城市知识挖掘具有较高的研究价值[48]。文献[49]使用社交媒体的微博数据对 2012 年北京市"7·21"暴雨的积水点进行了预测,其结果与实际积水地点基本相符。吴礼华利用手机记录数据进行城市感知,并提出了一种空间网络构建模型,构建了一种城市空间社区感知方法,并运用感知与社区划分结果优化了移动通信的能源消耗和通信效率[50]。向峰基于移动通话记录数据分析用户的社交网络特征并基于地理信息进行城市感知[51]。

目前,引入群智感知的城市感知在智慧城市应用中已不单单是传统数据获取方式的一种补充,还涉及从复杂、隐晦、缺失和非均匀分布的数据中提取有效知识的计算环节。Gigwalk 应用通过采集用户的购物信息实现商业数据收集,并将其应用于市场分析与咨询。Common Sense 利用移动感知设备测量各种空气污染物预测气象信息。CreekWatch 通过收集水质数据挖掘环境信息改善栖息地。在城市感知的科学探索方面,西北工业大学开展了大量的理论方法层面的研究工作并取得了一系列成果,如群智感知参与者选择与任务分配[52-55]、跨空间协作增强感知[56]、参与式感知数据优选[57]和多模态群体数据融合[58-60]等。如图 1.2 所示,城市感知融合显式或隐式群智感知并结合相关理论技术,能够实现对低质冗余、碎片化感知数据的优选和增强理解,进而为城市及社会管理提供智能辅助支持[61]。该研究团队将群体感知与群智的特征与挑战归纳为草根感知(参与者选择,激励机制)、跨空间协作(线上/线下收集,跨社区感知)和复杂数据处理(数据质量,可信,隐私;跨空间数据挖掘)。选择和调谐泛在、互补的感知能力,实现高质量城市感知,实现对低质、冗余群体感知数据的高效处理和语义理解。是群智感知的重点研究目标。

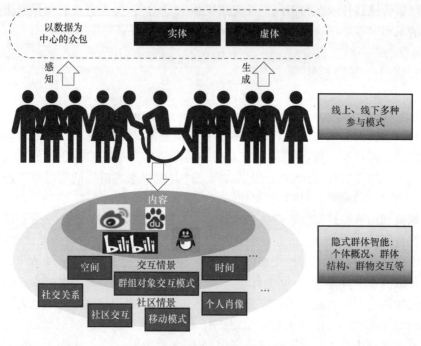

图 1.2　群智感知基本理论框架

1.2.4　互联网数据挖掘

网络大数据指"人、机、物"三元世界在网络空间(cyberspace)中交互、融合所产生并在互联网上可获得的大数据,其具有复杂性、多样性和涌现性的特点[62]。数据挖掘是运用计算机及信息技术,从大量的、不完全的数据集中获取隐含在其中的有效知识的高级过程[63]。互联网数据挖掘(Web 挖掘)是数据挖掘在互联网资源上的应用,它利用数据挖掘技术,通过对网络大数据及相关资源挖掘分析,提取深层价值信息并研究事物发展趋势[64]。Rathore 等利用互联网设备建立了包括智能家居、智能停车、车联网、监视、天气和水监测系统等方面的数据分析系统[65]。

8

Gök 等探讨了 Web 挖掘部分主流方法的实用性和有效性[66]。施生生提出了三个阶段一体化的 Web 信息抽取模型,三个阶段分别为网页导航、网页数据抽取和网页数据集成模型构建,实现精确 Web 信息抽取[67]。

Rathore 城市数据的传输和存储形式包括文本、流、图片、音频等。当前智慧城市建设存在着"信息孤岛、数据孤岛"问题突出、个性化设计与共享不足、缺乏运行维护长效机制、与新型智慧城市的要求还有差距等不足[68]。如何充分利用数据资源是一个重要问题,文本数据是城市数据的最基本形式之一,同时是互联网上常见的数据类型,表现为非结构化,实现标准化和语义理解更具有挑战性。超文本标记语言(hyper text mark-up language, HTML)用于生成网页文档数据,是互联网中应用最广泛的语言之一,也是网页构成的基础。超文本标记语言文档是通过浏览器解析,将解析产生的信息显示在网页上的数据载体。HTML 文档由 HTML 标签数据和纯文本数据构成,这两种数据用于描述网页信息。文本数据作为信息主要表示形式,是互联网应用的核心基础数据资源,也是开展 Web 挖掘的重要来源。Web 内容信息挖掘多为基于文本信息的挖掘,是大数据计算领域的研究热点。为从互联网中获取更高层次的知识资源,近年来涌现了许多将语义 Web 数据与数据挖掘相结合的知识发现研究工作[69]。这些工作围绕语义理解、检索优化、知识关系发现[70]等方面,被广泛应用在医疗[71]、经济[72-73]、生活[74]和公共安全[75]等重要领域。

在城市计算领域,利用互联网资源提取位置服务信息是实现高性能与高效用的城市感知的重要部分。Nesi 等针对 Web 文本资源提出一种获取城市信息的方法,该方法利用基于 NLP 的语言规则、序列标记和包含城市、地区、公司名称的地名字典来分析输入文本,得到与城市地址数据和城市兴趣点实体相关的信息[76]。Ji 等提出一种联合框架,将端到端位置连接问题转化为一个结构化的预测问题,通过识别推特文本中提到的细粒度的地理位置,再将它们连接到定义好的位置配置文件,以提供给后续的社交网络应用推特信息[11]。由于游客访问城市的动机通常是该地区独特的旅游景点驱动的,McKenzie 等通过在线旅游平台提供的用户评论,采用数据驱动的方式,分析用户评价文本来评估相似性,揭示评论者在撰写景点和城市方面的细微差别和相似性,获取景点的客观评价,用来帮助用户体验更好的旅游服务[77]。Dvan 等提出一种利用语义主题模型从城市空间的网络数据中捕捉休闲活动潜力的方法[78]。Gao 等将采集到的大量兴趣点场所数据和社交媒体签到数据,通过受欢迎程度重采样的隐含狄利克雷分布模型来提取不同兴趣点类别的聚集共现规律,进而鉴别提取出包括不同类型场所组合的城市功能区[12]。Hsu 等提出一套系统,通过地址相关的特殊关键字进行搜索,找到可能包含的地址及新开业店家的网页,再利用信息抽取模型从结果中获取店家地址数据,并通过信息模型从周围的兴趣点信息抽取商家名称,最终使用地址兴趣点关系匹配模型来判别该商家名称是否位于该地址,实现从网页中自动化挖掘新商家的资讯信息[79]。GeoBurst方法用于从具有地理标签的推特文本数据中进行实时监测本地事件[80]。文献[40]从Web文本的在线用户评论中提取明确特征,这些特征用于表示用户对房地产附近的兴趣点的意见,并从多个角度挖掘离线移动行为的隐含特征(方向、体积、速度、异质性、主题、流行度等),最终通过统一的概率计算框架,构建一种基于排名目标和稀疏正则化的房地产排名预测器。王森等以2012年在美国造成了严重影响的桑迪飓风为例,基于社交媒体网站推特以及相关数据库的信息,通过信息编码、分类以及空间网络的对接方式,发现灾前准备、灾害发生、灾害响应和灾后应对等主题随时间、空间发展的特征和趋势[30]。

通过对上述工作的分析可以发现,基于互联网数据挖掘的知识及信息能够帮助人们解决城市中各学科的科学及应用问题。相较传统的数据挖掘理论及技术,面向互联网数据的Web挖掘不同于其他数据源的数据挖掘,Web数据遵循摩尔定律且具有数据源复杂、数据分析体量大、数据结构多样、数据隐藏价值高、数据可靠性难以保证等特点。利用互联网数据开展城市计算,需要有效结合城市计算学科背景,设计并提出更效率、高质量且高性能的挖掘方法,实现从Web数据中发现、提取、管理、表示并应用促进城市发展的信息知识。

1.3 本书的主要内容

以互联网作为感知资源的城市感知方法在感知效率、覆盖范围和成本控制等方面取得进步的同时,如何利用调谐泛在、互补的互联网实现高质量城市感知,以及如何实现对低质、冗余互联网数据资源的高效处理和语义理解两个科学问题方面仍面临以下挑战:

(1)基于互联网资源的城市感知技术有待完善。需在城市感知理论和群智感知基础上,面向感知范围全面、部署便捷、感知结果准确有效和成本节约的实际需求,针对互联网数据多源异构、更新频繁和海量规模的特点,结合城市感知各环节涉及的关键理论、技术及方法制定技术方案,进而建立面向互联网数据资源的城市感知方法技术框架。

(2)位置服务数据资源的自动发现的准确性有待提升。位置服务信息的发现作为城市感知的首要环节,是实现城市感知的基础工作,决定后续感知环节能否顺利开展。现有方法在面对复杂多样且特征隐晦的位置服务数据资源时,存在资源特征表示不充分、信息特征学习能力不足等问题。因此,需要特征提取充分、判别计算准确的位置服务数据资源自动发现方法及模型。

(3)文本数据非结构化的特点使隐含语义特征表示困难,从而对城市文本数据的识别与获取带来挑战。面向没有边界标识符的中文环境,针对文本数据边界识别与文本数据类型判别两个任务,如何表示并辨析数据特征,全面且准确地识别并获取互联网资源中的城市数据是一个难题。

(4)多源位置服务数据的信息缺失导致城市感知数据质量降低,影响位置服务信息的客观性和全面性。针对多源位置服务数据分布不均衡的现象,结合当前数据清洗方法无法完全满足信息全面、准确的整合需求。面对上述情况,如何利用已知信息自动化地补全有效信息并整合数据,提高智能化的城市数据处理水平是一个挑战。

(5)大规模互联网数据条件对感知方法及模型的性能提出了更高要求。针对互联网数据规模大的特点,如何在保证方法性能的同时满足节约计算成本、提高计算效能的实际需求,需要结合相关理论、方法与技术,如何保证模型性能解决任务的同时降低资源成本的问题不可忽视。

(6)如何充分发挥数据效能,构建用以解决城市实际领域问题的位置服务应用。针对城市时空数据特性,如何以数据为驱动,结合大数据科学、数据挖掘与分析等技术,设计并搭建推动信息化、智能化、数字化城市建设的技术服务应用,实现城市生活、娱乐、交通、金融等全方面地改善。

针对上述问题,本书以互联网作为感知资源,结合相关理论及方法,开展城市感知,搭建面向互联网资源的城市感知技术框架。重点对互联网位置服务数据资源发现、互联网泛在城市数据获取、多源城市数据整合与处理、实体关系表示与提取、服务应用构建技术五个关键方面进行深入探究。本书的主要内容如下:

(1)建立面向互联网资源的城市感知方法技术框架。面向互联网蕴含的城市数据、位置服务信息与隐含的城市知识,通过对技术现状的调研分析、对相关理论及概念的探讨与思考,构建面向互联网资源的城市感知技术路线,为开展城市感知提供理论基础。

(2)给出基于网页分析的位置服务数据资源发现方法。针对互联网位置服务信息自动发现困难、相关自然语言处理(NLP)模型难以直接移植到Web挖掘的问题,通过分析网页文本数据资源特点,设计特征表示方法并构建基于网页分析的位置服务数据资源发现模型,用以准确、自动地发现具有感知价值的数据资源。给出基于网页分析的互联网位置服务数据资源发现方法,为后续开展互联网泛在城市数据获取、低质城市数据整合与处理等研究提供支撑。

(3)给出基于深度学习的互联网泛在城市文本数据获取方法。面对非结构化的网页文本数据资源,在城市数据收集与获取所面临的标准化、理解困难等技术难题,以中文兴趣点名称、地址等城市文本数据为研究素材,基于深度神经网络、Web聚类等理论及方法,给出互联网泛在城市文本数据识别与获取的方法,为实现全面、准确的中文城市文本数据集合提供技术参考。

(4)给出低质城市数据整合与处理方法。针对城市数据存在的信息缺失、重复、错误的情况,设计多源、低质城市数据整合与处理的方法。一方面开展补全位置服务数据缺失信息的方法探索,提出基于文本扩展的兴趣点城市功能属性补全方法;另一方面针对多源位置服务应用中兴趣点实体信息分布不均匀的情况,给出基于多属性度量的兴趣点实体对齐方法并设计数据整合策略,为自动、便捷地整合城市数据并提升位置服务信息质量提供解决思路。

(5)给出实体关系表示与城市知识提取方法。面向互联网大规模数据资源,给出一种基于远程监督和深度学习的关系提取模型——注意周期卷积神经网络模型(ARCNN)。采用远程监督学习构建实体对包,解决大规模数据存在的计算复杂度和时间成本高的情况。设计基于 BERT 模型和实体位置的嵌入方法,以提升输入文本的特征表达能力,并基于注意力矩阵来改进实体对包的标记注意参数,缓解远程监督学习产生的 Wrong label 问题,用于从互联网大规模文本数据资源中提取城市知识关系。

(6)给出用于构建城市服务应用的技术方案。从交通流数据预测与人群疏散迁移策略两个重点方面给出了技术方法和解决思路。在交通流数据准确预测方面,针对在路段行程时间预测任务已有方法难以挖掘出深层的长时依赖关系,忽略了相邻路段对目标路段的影响,给出一种基于网络模型的区域通行特征分析及趋势预测方法以解决技术难题。在人群疏散迁移策略方面,给出一种基于多智能体的城区人群迁移行为分析方法同时实现了仿真模拟。该方法在传统社会力模型的基础上引入行人恐慌程度的概念,用恐慌因子来量化行人的恐慌程度,确定模型参数,并以人员结构为依据构建基于多智能体的疏散感知、决策和行为规则模型。

1.4 本书组织结构

本书共分为 8 章,根据城市感知技术框架和基础理论方法来指导各环节的技术路线,并提供支撑,主要围绕互联网位置服务数据资源发现、互联网泛在城市数据获取、低质城市数据的整合与处理、实体关系表示与城市知识提取、服务应用构建五个方面详细介绍本书内容。

第1章为绪论,首先介绍本书的问题背景,技术价值与意义。城市感知作为城市计算的关键环节,当前传统城市感知技术面临的资源成本高、传感设备分布稀疏且不均匀、专业人才稀缺、领域知识体系不够完善的困境。在此背景下,面向互联网位置服务资源和群智感知技术能够帮助人们更好地获取、整合和分析城市数据,助力城市智能化建设。其次针对城市计算、城市感知、互联网数据挖掘和位置服务应用的技术现状进行了分析与讨论。然后围绕如何选择和调谐泛在、互补的互联网城市感知能力实现高质量感知,如何实现对低质、冗余互联网数据资源的高效处理和语义理解两个科学问题展开讨论了以互联网作为感知资源的城市感知所面临的挑战。面对关键问题及挑战,阐述本书开展的城市感知方法的主要内容,分别为建立面向互联网资源的城市感知方法技术框架、基于网页分析的位置服务数据资源发现方法、基于深度学习的互联网泛在城市文本数据获取方法、基于短文本扩展的兴趣点城市功能信息补全方法和基于实体对齐的多源位置服务数据整合方法。最后总结本书贡献并列出本书组织结构。

第 2 章介绍本书的技术框架与基础理论,首先介绍面向互联网资源的城市感知框架,作为本书工作的理论与研究基础;然后针对该框架的关键环节展开分析与探讨,分别为互联网泛在城市数据资源发现与获取、多源城市数据的管理与处理和面向知识服务的城市数据挖掘与分析;最后介绍深度学习、强化学习、自然语言处理等关键技术,以及城市感知技术所涉及的基础理论和方法。

第 3 章介绍互联网位置服务资源发现方面的工作,首先解析从互联网 HTML 文本中发现位置服务资源所面临的问题,阐述本书研究内容的思考与研究思路,并介绍网页分析方法、注意力机制等相关研究基础;然后描述一种结合注意力机制和多层次注意力机制的网页文本分析方法用于发现位置服务数据资源,并详细表述基于该方法建立分析模型的步骤与细节;最后在构建的搜索引擎返回的真实网页数据集从网页文本特征选择和基线模型对比等方面进行多角度的实验并分析实验结果,验证了基于该方法发现位置服务数据资源的有效性。

第 4 章介绍互联网泛在城市数据抽取方面的工作,首先根据中文场景下的互联网泛在城市文本获取存在的关键问题给出设计理由和基本思路;然后利用深度学习及相关技术设计互联网泛在城市文本数据获取方法,分为基于深度学习的数据识别和基于网页特征与 Web 聚类的数据获取两个部分详细描述方法的核心内容;最后在四个公开数据集和一个真实数据集上围绕实体文本识别性能、网页标签特征构建性能和城市文本数据获取性能进行实验与结果分析,发现该方法在城市文本数据获取方面相较其他方法具有更全面、更准确地获取城市数据的优势。

第 5 章介绍低质城市数据整合与处理方面的工作,一方面面对兴趣点数据城市功能属性缺失的问题给出一种基于文本扩展的兴趣点城市功能属性信息补全方法,利用兴趣点名称作为基础信息来自动标记兴趣点实体的城市功能。通过与基线模型的对比实验发现,该方法在兴趣点城市功能自动补全性能方面表现优异。另一方面面对多源位置服务数据分布不均衡导致的信息缺失问题,介绍了一种基于实体对齐的多源位置服务数据整合方法,通过匹配多源位置服务应用中的兴趣点实体来完善位置服务信息。该方法利用多属性度量(兴趣点文本的语义相似度和重合度与位置数据的相似度)与排序方法找到最匹配的两条位置服务数据,并通过数据整合策略实现信息整合,通过实验分析该方法的实体匹配效果。最后对该方法在低质、冗余城市数据整合与高效处理方面的贡献进行总结与讨论。

第6章介绍实体关系表示与城市知识提取方面的工作,首先阐述面对互联网大规模数据资源提取城市实体关系知识的难点和困境;其次设计一种基于远程监督学习、多特征输入构建的关系抽取模型,用以提取知识关系;然后设计实验并通过分析实验结果的方式验证该方法的有效性;最后对本章内容进行总结。

第7章介绍服务应用构建技术方面的两项工作,在面对城市区域车流量预测问题上,针对已有方法大多忽略了相邻或较远区域间的空间相关性,难以挖掘出深层的长时依赖关系的情况,给出一种基于网络模型的区域通行特征及趋势预测方法;此外在人群迁移行为方面,分析乘客在心理恐慌作用和引导员引导作用下的疏散迁移行为,以人员结构为依据建立基于多智能体的疏散感知、决策和行为规则模型。通过实验和仿真模拟评估两项工作的性能表现。最后总结本章两项基于城市时空数据的服务应用构建方法的工作内容与价值贡献。

第8章总结本书内容,首先分析并总结具体工作与技术方法;然后根据书中存在的局限与待深入探究的内容,指出并展望未来的工作。

第2章
技术框架与基础理论

本章首先介绍面向互联网资源的城市感知技术框架,该框架将城市感知研究总结归纳为信息发现、数据获取、数据管理与处理、城市知识提取和服务构建与城市改善五个环节;然后重点围绕互联网泛在城市数据资源发现与获取、多源城市数据的管理与处理、面向知识服务的城市数据挖掘与分析、面向大规模资源的城市知识提取、城市服务构建与城市改善五个方面,阐述其基本内涵、理论及方法技术;最后对本书涉及的机器学习、深度学习、自然语言处理等理论与方法开展综述,为后续城市感知研究构建技术方法提供基础与支撑。

2.1 面向互联网资源的城市感知技术框架

本书主要研究面向互联网资源的城市感知方法并设计技术框架,其技术框架如图2.1所示。

将面向互联网资源的城市感知划分为信息发现、数据获取、数据管理与处理、城市知识提取和服务构建五个环节,各环节的主要内容如下:

第一,基于数据传感的信息发现。针对复杂多样的应用场景和感知资源,通过分析信息特征与传感方式,找出给定场景下的信息资源的存在规律,结合物联网、数据挖掘、自然语言处理等理论与技术确定信息发现方法,通过构建计算模型等方式,发现有价值的位置服务信息的资源集合。

第二,城市数据的收集与获取。基于城市数据识别技术和智能传感技术,从蕴含城市数据的资源集合中识别并抽取目标数据。由于城市数据类型的多样性(如兴趣点数据、交通流数据、路网数据、气象数据等不同场景下的城市数据),数据识别与传感需要自然语言处理、图像处理、流数据处理等多种理论方法的技术支持。最终,经过数据获取环节,将获取的数据构建为多源异构城市数据集合,为城市计算提供驱动资源。

第三,海量多源异构城市数据的管理与处理。针对城市数据规模庞大、多源异

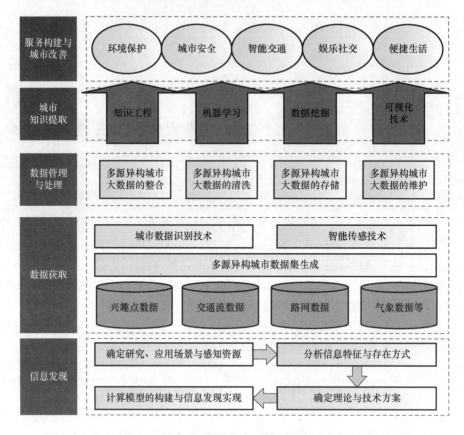

图 2.1 面向互联网资源的城市感知技术框架

构、噪声信息较大且应用场景复杂的特点,需要数据整合、清洗、存储与维护等技术发挥效用,以实现城市数据的处理与管理。不同应用在使用多源异构数据时,需考虑数据间的关联,融合特征信息,使后续的城市知识提取环节有效开展。

第四,复杂、多样的专业城市知识提取。知识表示及知识呈现需在数据挖掘与分析的基础上,基于知识工程、机器学习、数据挖掘、可视化技术等实现从城市数据资源中挖掘、提取并表示城市知识,为后续的服务构建提供技术内核。

第五,面向城市改善的应用服务构建。基于城市知识构建环境保护、城市安全、智能交通、娱乐社交、便捷生活等服务与应用,推进城市数字化、智能化建设,使人类的城市生活得到改善。

本书主要围绕面向互联网的城市感知技术框架中的关键环节展开了技术工作并给出了探索方法,即城市数据资源发现(信息发现)、城市数据识别与提取(数据获取)、城市数据的管理与处理(数据的管理与处理)、城市知识提取(关系表示与提取)、服务构建与城市改善(位置服务应用)。

2.1.1 互联网目标数据资源发现

文本数据作为信息表达的主要方式之一,在互联网资源中产生并存在大量的文本数据,如新闻、社交媒体、论坛、问答社区等。网页文本数据作为互联网数据主要的表达方式,针对城市感知的任务需求,如何确定并发现蕴含有效信息的数据资源能够为后续城市感知工作的开展提供便捷。网页文本分析技术可用于从互联网资源中发现城市数据资源。当前,具有代表性的文本分析技术包括基于主题模型的分析方法、基于词典的分析方法、基于监督学习的分析方法和基于无监督学习的分析方法等。城市数据资源的发现本质是一个分类判别任务,即在给定的候选数据集合中对每个样本进行判别,将判别为蕴含城市数据的资源保留,剔除并过滤其他样本。

高效、准确并自动化的分类方法是解决人类各领域应用的迫切需求。文本分类是信息检索领域的关键内容。在城市计算领域,针对网页数据资源,为寻求所需的位置服务信息用户在检索相关内容时,会将服务失效、新闻资讯、投放广告、社区问答等不具有所需信息的网页视为无效网页。当然,在不同应用领域用户会有不同的无效网页定义标准。在使用搜索引擎过程中自动过滤无效网页,为用户保留有效的互联网数据资源,能够让互联网用户更直观地获取有价值信息,节约用户信息检索的时间成本,减少互联网资源的浪费。互联网目标数据资源的发现需解决的问题:一是选择哪种理论、方法及技术来构建计算判别模型,以保证过滤网页的准确性和适用性;二是网页具有复杂的结构信息和语义信息,如何充分、准确地表示网页特征。

2.1.2 文本数据识别与提取

城市计算学科以感知数据为驱动,服务于城市发展中的多个领域[1]。在互联网环境中,位置服务应用以城市数据为计算资源,依托于实时性、可靠性与全面性的城市数据,为人们出行、娱乐、生活、休闲等多方面的服务提供便捷。Google 地图作为全球应用最广泛的位置服务应用,其使用的城市数据库的主要更新方式为全球采购,这样的方式有人工成本高、时间效率低等弊端。OpenStreet MAP 和 Wikimapia 等位置服务应用,使用用户自愿提供的手动标注的地理信息,实现对城市数据库的更新。此类数据更新方法的数据提取质量和效率与用户输入相关性较大,准确率难以得到保证。此外,采用硬件传感器采集数据的方式,由于人工和硬件成本高而难以大范围部署,因此存在数据样本分布不均衡和全面性差等问题。由上述对比分析可知,有效地利用互联网数据准确、全面、低成本且自动化的提取其中泛在的城市数据是一个重要内容。

文本数据作为描述各种城市信息的基本数据,城市文本数据识别与抽取的主要功能是从文本中抽取出特定的事实信息,这些文本可以是结构化、半结构化或非结构化的数据。通常,利用机器学习、自然语言处理等方法从上述文本中抽取出特定的信息后,保存到结构化的数据库中,以便用户查询和使用[81]。利用互联网数据资源开展有关城市文本数据抽取,主要涉及如下技术方案:

(1)基于爬虫技术或人工规则的城市数据获取方法[82-84]。这类方法在特定场景下或指定任务中可以实现高精度的数据收集,但是由于互联网内容的更新不断,爬虫工具或规则需要执行大量维护工作,这使依赖爬虫技术和人工规则的方法难以适应复杂多变的互联网数据资源环境。

(2)基于外部知识库的城市数据获取方法[85-86]。这类方法通过构建外部知识库(如构建地名词典)的方式从结构化或非结构化的互联网数据资源中提取城市文本数据。城市计算领域的知识库的指标不统一,质量也有所不同,此类技术方案难以适用于获取复杂多样的互联网泛在城市数据。

(3)基于统计学习和语言模型的城市数据获取方法[87-90]。相较于上述两种方法,基于统计学习和语言模型[如隐狄利克雷分布(latent dirichlet allocation,LDA)模型、N元(N-Gram)模型等]的方法更适用于面向互联网资源的城市数据感知任务。这类方法在特征提取中主要依赖统计学习模型,在引入预训练输入特征表示的前提下,能够学习到部分隐藏特征。但此类方法在获取复杂、大量且模糊的样本信息方面弱于基于深度神经网络的特征提取方法。

(4)基于深度学习数据获取方法[91-92]。基于深度学习的城市数据感知方法构建的计算模型具有良好的可移植性,更高的性能极限,良好的适应性和较强的学习能力,适用于面向互联网数据资源的城市数据感知。因此,采用深度学习技术来解决此类问题相较其他技术方案具有性能优势。

面向网页文本的数据抽取任务,除便捷、低成本的感知需求外,还面临如下技术挑战:

(1)中文语言环境下的文本特征表示。目前,中文文本数据识别与提取方面的研究工作主要存在的困难:一是命名实体文本的不规范描述,如非标准化表达、俗语表述、非公认缩写、多变体等描述;二是难以识别语料库、词库外的文本数据;三是相较于英文等其他外语句法结构,中文句法不具有词汇首字符大小写区分及类似于空格之类的词汇间隔符等特征表示方面的优势,这使中文文本序列在语义表示方面的难度更大。

(2)互联网数据资源特征的构建与表达。在文本的特征表示的基础上,为更好地表示互联网数据资源隐含信息,如何引入互联网数据资源的特征,并设计合理、有效的互联网数据资源特征学习方法是一个技术挑战。

(3)高性能的计算模型与方法。由于互联网数据资源规模庞大、样本特征复杂多变,如何设计准确、高效、可移植性好的计算模型与方法是一个技术难点。

2.1.3 城市数据管理与处理

在数字城市的建设过程中,城市的电子地图、轨道交通和能换服务等各类基础设施在提供信息服务功能的同时,也积累了蕴含城市信息的海量的城市动态数据,常见数据[1-2]如下:

(1)兴趣点数据:介绍城市各功能单元的基本信息,主要包括兴趣点名称、兴趣点地址、兴趣点的城市功能类型等。

(2)道路结构及地图数据:统称为路网数据。道路是城市的基本构架,路网数据是描述城市构架的基本方式。兴趣点数据、道路结构及地图数据为城市计算最基本驱动数据,是其他类型城市数据进行融合时的空间锚点数据。

(3)气象数据:描述城市中的天气信息,它可进一步分为气候数据和天气数据。

(4)交通流数据:描述不同交通工具运行信息,如人群或个体的出行数据和运动轨迹等。

(5)能耗数据:描述能源的消费情况信息,如电力能耗、石油能耗及各类资源的消耗情况。

(6)社交媒体数据:可以提供很多数据类型,如通信录信息、通话记录信息、GPS定位信息、上网记录信息和移动应用程序(APP)实用信息等。

(7)位置服务数据:位置服务数据源自位置服务应用,是对评价数据、评分数据、周边信息等兴趣点数据的深度描述和补充,包含更多的位置服务信息。

民政部2020年发布了新版中国国家地名信息库,对2015年以来全国地名、界线和区划信息进行了更新,数据截止时间为2018年12月31日。具体包括:更新行政区域、群众自治组织、居民点等11大类地名238.4万条,更新率约为20%(其中,修改地名216.9万条,新增地名18.2万条,注销地名3.3万条),更新地名标志约为6000个;更新县级以上行政区域界线513条(其中,州市级界线26条,县级界线487条)、涉及界线长度21万km,更新率分别约9%、5%;更新行政区域界桩1776根,更新率约6%;此外,还更新了行政区划调整所涉及的218个市级、729个县级和3459个乡级行政区划单位相关信息。国家地名信息库中城市数据的修改、新增和注销的情况说明,城市数据具有时效性和寿命,具有随着时间变化进行演变的特点。因此,开展城市感知工作来发现与获取城市数据时,需要考虑挖掘的及时性、保证方法和挖掘内容能够随时间更新以实现准确、快速的信息维护。

互联网资源中有大量的城市数据,它们存在于不同的数据源和结构中,且具有不同属性,如兴趣点是空间点数据、路网是空间图数据、描述移动信息的轨迹数据、描述社交信息的社交媒体数据等。城市数据管理与处理是实现知识提取与服务构建的前提,涉及数据存储、数据维护、数据传输、数据加工和数据清洗等任务。如何管理与处理互联网中的多源城市数据是一个挑战。例如,不同地图类位置服务应用中对同一兴趣点实体的数据内容存在的偏差情况,以及单一位置服务数据源更新不及时或其他原因导致的数据缺失的情况等。单一应用中使用多种数据时,准确、快捷地建立不同数据之间的关联,使后续的数据挖掘和分析变得高效与可行。同样,面对单一应用存在的数据稀疏和分布不均匀导致的全面性不足的情况,关联更多应用中的同类数据,可使后续的服务构建更加合理与有效。

互联网泛在的城市数据源自各类不确定的服务应用,因此城市数据集合中存在错误和误差情况,主要表现为数据信息存在偏差、不正确、不全面、陈旧和冗余等。针对上述现象,需要对低质的城市数据进行管理与处理,如数据补全、数据纠正、数据整合等。此外,稀疏的数据资源会导致后续挖掘结果的偏差较大,影响城市知识的提取与知识库构建。

数据管理与处理的核心任务主要包括以下四个方面:

(1)数据整合:数据整合是共享或者合并来自多个应用的数据,难点是处理异构数据特征并实现同类数据的关联。本书面向互联网多源位置服务应用环境,给出一种基于实体对齐的多源位置服务数据整合方法。

(2)数据清洗:数据清洗是用于补全缺失内容、纠正错误内容、删除冗余内容等任务的数据处理环节,即根据规则和数据分析模型实现"脏"数据的清洗,过滤掉不符合需求的数据资源。本书针对兴趣点的城市功能类型信息在位置服务应用中存在缺失、谬误的情况设计一种位置服务信息纠正方法,通过自动判别兴趣点的城市功能、关联兴趣点实体信息获得更加全面、准确的位置服务数据。

(3)数据存储:城市数据具有规模大、异构性的特点,针对其存储与计算方面目前主要采用 Hadoop 等计算框架,建立流媒体、轨迹、地图数据的高效时空索引和分布式分析技术,尤其应注重 Hbase、BigSQL、MongoDB 等非关系时空数据库存储技术[93]的应用,以更好地解决城市数据的存储问题。

(4)数据维护:针对城市数据类型多样且各类数据间的关联性强,需开展面向专业城市数据的维护研究,数据维护主要包括内容维护、更新维护和保证数据安全等方面。

2.1.4 城市知识提取

知识提取是指在人工智能和知识上层系统中,机器(计算机或智能机)如何获取知识的问题。狭义知识提取是指人们通过系统设计、程序编制和人机交互,使机器获取知识。例如,知识工程师利用知识表示技术建立知识库,使专家系统获取知识,也就是通过人工移植的方法将人们的知识存储到机器中。广义知识提取是指除了人获取知识,机器还可以自动或半自动地获取知识。例如,在系统调试和运行过程中,通过机器学习进行知识积累,或者通过机器感知直接从外部环境获取知识,对知识库进行增删、修改、扩充和更新。

知识获取的基本任务包括以下六个方面。

(1)知识抽取:把蕴含于信息源中的知识经过识别、理解、筛选、归纳等过程抽取出来,并存储于知识库中。

(2)知识建模:构建知识模型,主要包括知识识别、知识规范说明和知识精化三个阶段。

(3)知识转换:知识由一种表示形式变换为另一种表示形式。

(4)知识存储:用适当模式表示的知识经编辑、编译送入知识库。

(5)知识检测:为保证知识库的正确性,需要做好对知识的检测。

(6)知识库的重组:对知识库中的知识重新进行组织,以提高系统的运行效率。

国内外学者通过计算机科学和计算机技术从互联网、本地文档等资源中提取城市知识及关系用以构建知识集合。胡燕设计了基于 Web 信息抽取专业知识的知识提取方法,根据用户需求从 Web 中自动获取各学科专门知识[94]。Onan 等基于基础学习算法和集合算法实现了文档自动关键词提取的知识获取工作[95]。Ji 等提出一种联合框架,将端到端位置链接问题转化为一个结构化的预测问题,通过识别推特(tweet)中提到的细粒度的地理位置,再将它们连接到定义好的位置配置文件,以提供给后续的更多应用[96]。McKenzie 通过在线旅游平台提供的用户评论采用数据驱动的方法,通过对用户提供的评论的文本分析评估相似性,揭示了评论者在撰写景点和城市方面的细微差别和相似性[97]。Dvan 等提出一种利用语义主题模型从城市空间的网络数据中捕捉休闲活动潜力的方法[98]。

2.1.5 服务构建与城市改善

基于位置服务是城市服务应用与改善城市的核心产物,是指移动终端利用定位技术来获取位置信息,并通过移动互联网向使用者提供位置相关信息资源的服务应用,是城市计算服务提供环节的关键领域,关系到城市居民健康、工作、个人生活等方面[99-100]。位置服务应用融合了移动通信、互联网、空间定位、大数据等多种信息技术,利用移动互联网络服务平台进行数据更新和交互,使用户可以通过空间定位来获取相应的服务。位置服务内容主要包括三类:一是位置交友类应用,如推特、微博、陌陌、微信等应用;二是工具类应用,涉及地图、导航及生活服务等方面,如滴滴出行、58同城、大众点评、高德地图、Google地图和美团等应用;三是功能相对单一的传统位置服务,涉及位置信息查询、车辆管理等方面,现今这类服务已经越来越多地嵌入各类应用中。

基于位置服务数据是对兴趣点实体信息的深度描述,与兴趣点、地图、路网等简单城市数据相比,基于位置服务数据包含更多的语义信息,能够帮助人们更深刻地理解城市运行的动态。以基于位置服务数据为驱动的位置服务应用,将数据转化为知识与信息服务于用户,从路线导航、个性化推荐、急救服务到信息搜索,位置服务应用覆盖了城市生活的各个方面,如物流的快速分拣、专业的轨迹服务、O2O调度效率提升、基于位置信息的个性化社交等。基于位置服务数据和时空数据越来越多地用来解决城市中的各类问题,腾讯、谷歌、京东等科技公司建立了时空数据引擎、方案和平台。例如,腾讯基于位置服务大数据用于挖掘中国人口流动网络空间格局及影响因素[101],谷歌建立智能城市和城市数据平台并为智能治理设计专用接口[102],京东城市研究团队建立了城市时空数据引擎JUST[103]。

位置服务作为城市计算的产物,通过数据科学并利用无处不在的数据感知、海量异构数据的管理、多源异构数据的协同分析计算和虚实结合的混合式系统四个主要环节实现城市知识服务的提供。部分嵌入位置服务功能的典型应用见表2.1。利用好互联网资源中大量的位置服务,自动发现泛在位置服务信息,获取、整合、完善其中的城市数据、有价值的信息,实现高质量的城市知识提取,能够帮助人们更好生活、帮助城市更好发展,推进城市的数字信息化建设。

表2.1 嵌入位置服务功能的典型应用

应用场景		基于位置服务数据的应用方式	应用实例
工具类应用	物流	①逆地址解析及地点检索功能帮助用户快速准确填写收发地址; ②精准的地址解析提升预分拣准确率,提高分拣效率; ③货车路线规划为货车司机规划最佳行驶路线,避开限行、限高限重路段	京东物流、中国邮政、顺丰快递
	出行	①基于大数据挖掘的推荐上车点服务,引导用户到更合适的地方候车; ②批量路面距离计算服务,为最优化派单策略提供基础,司机接单更快更合理; ③专业的轨迹服务,轨迹记录更准确,精准计算行驶里程	高德打车、滴滴出行

续表

应用场景		基于位置服务数据的应用方式	应用实例
工具类应用	O2O	①专为上门服务场景定制的搜索策略,帮助用户快速下单创建收货地址; ②自动生成的等时可达配送范围功能,助力服务端提升调度效率; ③最优取货/送货路线规划,让配送人员跑最少的路,送最多的单; ④个性化地图样式适配客户实际应用场景,提升地图展现效果; ⑤提供车辆定位、地图展示、步行路线规划等服务,全方位提高用户体验; ⑥基于精准的连续定位服务,为用户提供平滑的轨迹展示	美团、58同城、大众点评、达达快送、饿了么、哈啰单车
	运动健康	①实时显示或回溯运动轨迹,计算运动速度,查看或分享运动成果; ②基于地点云的方案助力开发者轻松实现"附近的人"功能; ③基于H5组件的定位、路线等全套能力支持让社交分享更便捷	Keep、QQ运动
位置交友	社交	精准定位加逆地址解析实现分区划片,创造社交空间及更多交流方式,利用个性偏好和空间区域发现更多交友选择	推特、微博、陌陌、微信、QQ

2.2 基础理论及方法

2.2.1 深度学习

传统神经网络为三层模型结构,分别为输入层、隐藏层与输出层。输入层为网络输入用于计算的数据,隐藏层对输入数据进行特征提取与分析计算,输出层针对不同任务实现结果输出。

深度神经网络在传统神经网络拓扑结构的基础上扩展出更多层次结构,增加的部分主要体现在中间隐藏层数量,从而具有更强的隐晦特征提取能力(图2.2)。基于深度学习的算法相较于传统的基于统计学习算法近年来取得了一系列积极成果,存在卷积神经网络(CNN)、循环神经网络(RNN)等典型模型结构。

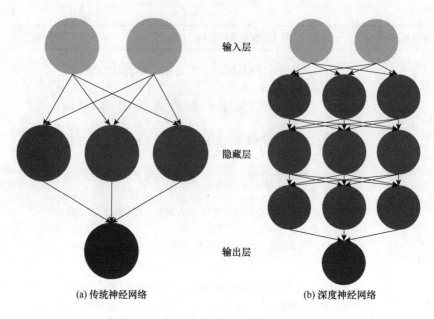

图 2.2 传统神经网络与深度神经网络结构

以图像判别任务为例,图 2.3 展示了不同规模的深度神经网络与传统学习算法的性能比较结果。由图可以观察到,基于传统机器学习的算法在数据量级到达一定程度后,性能提升缓慢而进入停滞期,而大型深度神经网络的性能会随着数据数量的增加而提高[104]。

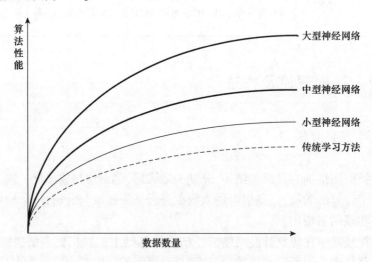

图 2.3 不同规模的深度神经网络与传统学习算法的性能比较[104]

基于深度神经网络算法的优势:通过多层隐藏层计算使特征提取的性能更好,

将特征学习融入算法模型计算过程中,降低了人工构建特征造成的偏差性,并且在大规模数据条件下的具体任务中,具有更好的模型性能。其劣势:需要大规模数据的支撑;此外,模型计算内容的增加会导致算法需求更高的算力。随着各类城市数据的不断涌现和计算机硬件设备的不断升级,基于深度学习来实现城市感知已经逐渐成为主流技术方向。

2.2.2 集成学习

集成学习是整合并使用一系列学习器的机器学习模型构建方法。与单一的学习模型相比,集成学习模型的优势是能够把多个基础学习模型有机地结合起来,构建系统化的集成学习模型,从而获得更准确、稳定和强壮的结果。Bagging 方法是集成学习的代表工作之一,它通过投票机制把多个基学习器的输出结果归纳为一个综合结果。图 2.4 为 Bagging 集成学习方法的原理框架。给定一个训练集,集成学习首先通过一系列的数据映射操作,如采样、随机子空间、扰动、投影等,生成多个新训练集;然后采用新训练集训练一个至多个基学习器,并通过设置输出结果的投票规则,形成集成学习器的输出结果。

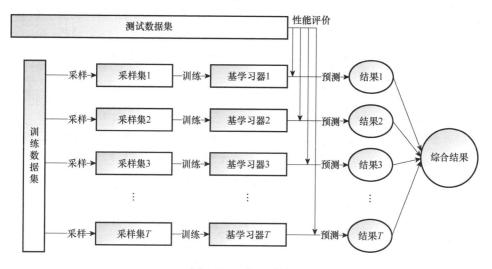

图 2.4 Bagging 框架

Onan 探讨了集成方法对网页分类的预测性能,采用四种特征选择(相关性、一致性、信息增益和基于卡方的特征选择)和四种集成学习方法(Boosting、Bagging、Dagging 和 Random Subspace)进行了对比分析(朴素贝叶斯、K-最近邻(K-nearest neighbor,KNN)算法、C4.5 算法和 FURIA 算法)[105]。实验结果表明,集成学习能够有效提高网页分类中分类器的预测性能。

2.2.3 词嵌入

文本数据作为城市数据的基础数据，如何表示文本序列的语义信息并构建文本特征一直是研究热点。词嵌入是一种通过将词汇文本映射到高维空间中，并生成用于表示特征的实数域向量的技术。词嵌入构建方法主要包括基于深度学习的神经网络、概率图模型、对词语同现矩阵降维、可解释知识库和术语的显式表示等。词嵌入广泛应用于自然语言处理的各项任务和应用(如文本分类、命名实体识别、摘要生成、文本翻译等)，优秀的词嵌入方法能够使文本的特征表示更充分，使模型更好地提取隐藏特征，并在下游任务中有更好的性能表现。近年来，词嵌入已逐渐成为自然语言处理领域中的重要技术，其中具有代表性的方法为2013年谷歌团队2013年提出的Word2vec[106]模型和2018年的BERT[107]模型。

2.2.4 文本分类

文本分类是自然语言处理的重要任务之一，能够实现文本数据资源的主题类型标记与分类，用于实现文本分析和判别。文本分类主要应用于信息发现与检索、文本主题分类、垃圾信息过滤等任务。常见文本分类方法有支持向量机(support vector machines, SVM)方法、朴素贝叶斯(naive Bayes, NB)方法、K-最近邻方法、决策树(decision tree)方法、神经网络(neural network, NN)方法等。

网页文本在不同的应用场景下需要采用相应的分类标准，例如在链接调度中需要信息页、索引页这样的分类，不同类型页面更新调度的周期不一样；排序对分类的要求又不同，按表现形式分图片、视频等，按网站类型分为论坛、博客等；不同类型的页面抽取策略也会不尽相同，按内容主题分成小说、招聘和下载等类别。对网页从多个维度进行分类，能给用户提供更为贴切的检索结果。采用网页作为传感器进行城市感知时，需要对网页是否蕴含城市数据进行判别，这是网页分类技术的相关应用。为发现互联网资源中的有效网页信息而进行分类时，不同于传统文本分类采用TF-IDF(term frequency-inverse document frequency)、词嵌入构建等方法选择内容关键字和文本特征等，还需要其他特征，如网页结构特征、HTML标签特征和URL(uniform resource locator)特征等，这些特征的引入能够丰富网页特征信息的表示，从而提高分类性能。

在城市感知领域，文本分类能够解决很多问题，如本书涉及目标数据资源的发现、用于补全城市信息的兴趣点城市功能类型判别等。近年来，基于分类模型在城市计算领域取得了一些代表性成果。Jiang等提出了一种基于在线志愿者自发维护地理信息(volunteered geographic information, VGI)的兴趣点自动分类方法，同时表示兴趣点的自动分类也可用于城市的其他类型的分析[108]。Adams 等提出了基于注意力机制的字符级卷积神经网络模型用于地理文本分类[109]。

2.2.5 命名实体识别

本书涉及的城市文本数据识别与提取,主要基于命名实体识别(named entity recognition,NER)理论方法及相关技术。命名实体识别是识别自然文本中的命名实体指称的边界和类别的技术。按照 ACE2003 的语料标注说明,将命名实体分为人名、组织机构名、地名、行政区名和设施名五大类。城市兴趣点实体是地理命名实体的一部分。地理命名实体是指运用自然语言描述的具有地理位置特性的命名实体,包括现实世界中具有地理位置特性的具体或抽象实体,如山脉、河流、地址、机构名、邮政编码等。

命名实体识别任务往往被看作语言序列标注(linguistic sequence labeling)任务。传统的序列标注任务多使用线性模型,如隐马尔可夫模型(hidden Markov models,HMM)和条件随机场(conditional random fields,CRF),并且依赖专家知识(task-specific knowledge)和人工提取特征(hand-crafted features)。现阶段主流的命名实体识别的基本步骤为单词的字符级表示、(双向)长短期记忆网络(long short-term memory,LSTM)编码和 CRF 解码。英文 NER 目前的最高水准是使用 LSTM-CRF 模型实现的 2016 年发表在 ACL 的工作[110]。命名实体识别对自然语言处理十分重要,例如,如果命名实体识别任务从"吉林省长春市一汽红旗创新大厦的揭幕在 7 月 28 日举行"中错误地识别出职务名——"吉林省长",则后续模型对语义的理解将会产生偏差,使其无法很好地解决自然语言处理任务。

中文命名实体相较于英文没有明显的形式标志,还存在分词的干扰,导致中文命名实体识别难度高于英文。针对中文 NER,Zhang 等研究了用于中文 NER 的 lattice LSTM 模型,该模型对输入字符序列和所有匹配词典的潜在词汇进行编码。该模型与基于字符的方法相比显性地利用词和词序信息,与基于词的方法相比 lattice LSTM 不会出现分词错误。门控循环单元能够从句子中选择最相关的字符和词,以生成更好的 NER 结果。在多个数据集上的实验证明 lattice LSTM 优于基于词和基于字符的 LSTM 基线模型,达到了最优的结果[111]。Zhu 等提出一种基于条件随机场的中文地址识别方法,该方法将地址分辨率分为地址分割和地址组件注释问题,并将分割与地址组件注释相结合,形成带注释的输出序列数据集[112]。

在命名实体识别的数据标注方面有以下三种主流方法:

(1)BIO(B-begin,I-inside,O-outside)标注法:B 表示开始(Begin),I 表示内部(Inside),O 表示外部(Outside)。-XXX 表示标注的字符的命名实体类型,如"中 B-LOC 国 I-LOC 是 O 我 O 家 O",其中 LOC 表示位置(location)实体。

(2)BIOES(B 代表 begin,I 代表 inside,O 代表 outside,E 代表 end,S 代表 single)标注法:其在 BIO 方法上添加了 E 和 S 标记来丰富标注信息,是目前常用的标注方法。其中,E 表示当前单词为一个命名实体文本的结束(End),S(Single)表示这个单词本身即为一个命名实体。

(3)Markup 标注法:采用标签把命名实体框出来。在本项工作中,采用了 BIOES 的方式来标注城市文本数据的命名实体。

2.2.6 实体对齐

实体对齐(也称实体匹配或实体链接)旨在将多个不同数据源的实体信息指向同一真实对象的技术,能够从多源数据集合、服务应用和知识库中整合实体信息,获得更加丰富、准确的信息资源。其目的是将文本数据资源中的实体对象链接到对应知识库中的正确实体对象上。实体对齐的基本流程:首先基于命名实体识别与抽取获得候选实体信息;然后,执行实体消歧和共指消解操作,消除一词多义等歧义现象;最后,在确认知识库中对应的正确实体对象之后,将实体信息链接到对应实体,使该实体汇聚更丰富、准确的信息,并实现同一实体的信息融合与整合。

任颖等提出一种基于网页结构特征的针对中文组织机构名和组织机构地址名命名实体识别和关联算法,该算法通过候选实体生成、候选实体识别和实体关联三个步骤实现机构实体对齐[113]。Zhang 等提出一种从微博会话中提取可组合地名的方法,通过将地理相似性、名称相似性和语义关联相似性度量方法结合,利用粒子群算法进行权值优化,实现地理别名的分析与判别[114]。廖健平提出了基于中文文本的地名要素关联方法。本书基于实体对齐方法及相关技术提出数据整合方法,将不同数据源中的兴趣点实体数据进行整合,以获取更加客观、全面的位置服务信息[115]。

2.2.7 关系提取

关系提取是从结构化、半结构化和纯文本等数据资源中获取关系知识的理论及方法技术,是知识抽取的核心领域。实体关系是实体与实体之间关系的抽象表示。如图 2.5 所示,乔布斯(实体)对于苹果公司(实体)的关系为创始人(关系)三元组(triple)。除实体关系外,还有其他类型的关系知识,如属性关系知识(姚明是中国人)、值关系知识(中华人民共和国的陆地面积约 960 万 km^2)等。三元组作为一种图数据结构,是知识图谱的最小单元,其知识表示方式为两个节点及它们的关系知识,即节点 1、边(关系)和节点 2。

关系提取通常称为三元组抽取,目标是根据语义信息和文本特征从文本中抽

图 2.5 三元组关系知识示例

取关系知识。关系提取的主要方法包含三类:一是基于模板的方法,如基于触发词、基于句法规则等;二是基于监督学习的方法,包含基于传统机器学习的方法和基于深度学习的方法;三是基于半监督或无监督学习的方法。关系提取主流方法分析如表 2.2 所列。

表 2.2 关系提取主流方法分析

技术方案	代表方法	优点	缺点
基于模板的方法	基于触发词/字符串[116],基于依存句法[117]	利用人工规则构建,在特定领域有更高的准确率,特征容易理解,模型构建简单	召回率相对较低,需要专业人员构建特征和模板,规则会导致成本较高;此外,不易于维护、可移植性差
基于监督学习的方法	CNN[118],LSTM-ATT[119],LSTM-RNN[120]	基于深度学习的方法,准确率高,可以减少人工特征的构建,性能好	需要大量的语料进行模型训练,在大规模数据条件下对算力要求很高
基于远程监督学习的方法	PCNN[121],PCNN+Attention[122]	减少一定的人工标注,计算复杂度相对较低	包概念的假设引入噪声,导致存在语义漂移和关系提取缺失

2.3 本章小结

本章提出面向互联网资源的城市感知技术框架并介绍城市感知所涉及的部分基础理论及方法,主要内容分为两部分:一是针对互联网应用资源的特点和城市感知任务的需求,基于城市计算、群智感知、知识工程及相关理论与技术,提出城市感知技术框架作为后续研究的路线指导。该框架主要涵盖城市数据资源发现与获取、城市数据的管理与处理和城市数据挖掘与分析、城市知识提取、服务构建与城市改善五个方面。二是介绍了开展面向互联网的城市感知所涉及的基础理论及方法,为后续城市感知环节的关键技术提供理论方法与技术综述。

第3章
互联网位置服务数据资源发现技术

针对互联网位置服务数据资源发现,本章设计了一种基于网页分析的位置服务数据资源发现模型,以发现蕴含目标信息的数据资源,为后续城市数据的获取、数据管理与处理、知识提取和服务构建的城市感知环节提供支撑与铺垫。首先对互联网位置服务数据资源发现的关键问题从问题解析、解决思路和相关技术基础3个方面进行了阐释;其次详细介绍基于网页分析的位置服务数据资源发现模型,该模型通过语义信息的嵌入表示、基于局部注意力的特征计算、基于卷积神经网络的特征提取和基于标签级注意力的网页结构特征融合4个主要步骤,用以判别候选网页是否属于位置数据资源。通过构建实际数据集并设计实验并分析结果验证本模型的性能,通过对实验结果的分析评价模型性能。实验结果表明,与其他基线方法相比,本模型具有更高的准确率、召回率和F1分值。同时,通过计算成本可行性实验的模型表现,证明了其在实际互联网应用中能够以较低的算力成本更准确地发现蕴含位置服务信息的网页数据资源。

3.1 关键问题阐释

3.1.1 问题解析

信息资源的发现作为城市感知的先决条件,为数据获取、处理、知识提取与服务构建等后续环节提供技术基础。网页文本数据是互联网资源的基础数据,既具有非结构化与标准化的文本数据,又具有用以搭建网页结构的 HTML 标签数据。用户在检索地理信息时会将服务失效、新闻资讯、投放广告、社区问答等不存在位置服务信息的网页视为无效网页,在使用搜索引擎过程中自动过滤无效内容,并发现蕴含位置服务的数据资源,能够让互联网用户更直观地获取有价值信息,节约用户信息检索的时间成本,减少互联网资源的浪费,为用户提供更便捷的位置服务。

面对网页文本数据复杂的网页结构特征和丰富的语义信息,如何准确、智能地发现蕴含位置服务信息的数据资源是关键问题。蕴含位置服务信息的数据资源发现方法的关键问题主要涉及网页信息特征的表示、特征的提取与学习和数据资源是否蕴含目标信息的判别三个方面。

搜索引擎作为互联网主要应用之一,能够根据用户需求从互联网资源中检索并返回有效信息,然而返回列表中的往往包含广告、失效网页等噪声信息,干扰用户的检索与查询。网页信息的特征表示方法需符合复杂多样、更新迭代快速的互联网应用场景,这意味着传统的基于人工特征构建和外部知识库引入的特征表示方法不适用于描述网页特征信息。同时,由于互联网数据规模庞大,需要具有强大的特征学习能力和强拟合能力计算模型。

3.1.2 解决思路

本章通过设计网页信息特征的自动化表示与构建、强拟合能力的特征提取与判别计算模型,给出基于网页分析的互联网位置服务数据资源发现模型。

围绕数据资源的网页信息特征表示,针对网页标签中的纯文本的语义特征,基于词嵌入技术将词汇及段落映射到高维空间中以表示其语义信息。针对网页的结构特征,通过设计不同的输入与优化不同标签输出权重的标签级注意力计算来引入网页结构的特征。良好的特征表示与构建方法能够更好地帮助特征提取模型理解网页特征信息。

围绕数据资源的特征提取与判别计算方面,面对海量、隐晦的互联网文本数据特征,设计基于深度学习的网页分析模型,引入多层级注意力计算优化特征的表示效果,利用深度卷积神经网络的特征提取能力强的优势构建具有强拟合能力的计算模型。

为验证方法的有效性,制定位置服务信息的目标检索标准,将搜索引擎返回的实际网页数据用于构建实验数据集。设计多角度的实验来评估模型性能,通过分析与讨论实验结果多角度地评价模型表现。

3.1.3 相关技术基础

首先介绍网页分析的概念、理论及方法技术;然后介绍注意力机制的理论方法、其在数学模型中的引入方式及相关研究成果,并讨论其在丰富网页特征效果方面的积极作用。

1. 网页分析

网页是一个包含 HTML 标签的纯文本书件。网页分析主要是获取包含有效信息的网页并剔除无关的网页,即实现网页数据资源是否能够被任务应用的判别预测。网页文本分析与文本分析不同,其在文本分析的基础上需要考虑URL地址、网页标签属性等纯文本特征外的更多网页特征。网页分析从20世纪90年代初的专业管理人员甄别,逐步向后期的关键词检索分析,发展到现在采取启发式内容分析方法。早期的网页分析方法以关键词检索,特征设计和引入知识库,统计学习等技术为主要手段。文献[123]通过关键词匹配构建混合模型过滤网页中的色情文本。Sheu等采用决策树构建了区分色情网页和医疗网页的决策树数据挖掘算法。决策树在中等规模数据量时表现比较优秀,且由于HTML文本存在部分属性的数据缺失,决策树可以对缺失数据现象进行有效的处理[124]。徐雅斌等基于K-最近邻算法过滤互联网资源中的不良网页[125]。顾敏等基于朴素贝叶斯模型并结合网页结构特征,采用多特征融合的方法进行网页分类[126]。Kan等将URL文本数据作为特征实现快速的网页分类[127]。由于网页包含很多非结构化信息,完全依赖人工设计特定的方式来分析网页是不合理的。而单纯采用关键词检索和统计学习方法在非线性特征方法的表达能力较弱,难以生成准确性高、鲁棒性好的模型。

随着深度学习的不断发展,基于神经网络的网页分析模型成为主流。邓玺基于深度卷积神经网络搭建了网页特征提取模型,并实现了网页类别划分工作[128]。Buber等基于循环神经网络的深度学习架构并将标题、描述和关键字的元标签信息作为特征来构建网页分类模型[129]。另外,有许多基于深度神经网络的方法[130-132]用来解决文本分类判别问题,尽管它们没有考虑网页特征,但为基于深度学习的网页分析模型的研究开展起到了铺垫和推进作用。

2. 卷积神经网络

卷积神经网络[133]是一种前馈神经网络,通过构建共享的权值矩阵(卷积核)并训练其学习参数来实现模型的构建。在分类判别任务中通常使用全连接的方式对特征提取后的特征图进行处理,卷积神经网络的卷积层的神经元仅连接少部分的邻层神经元,每层通过多个卷积核的卷积计算(特征提取)可以被映射为多个特征平面,每个平面的神经节点的权值共享。图3.1是卷积神经网络中卷积计算示例。

在文本分类判别任务中的基于卷积神经网络的模型结构如图3.2所示,通常有输入层、卷积层、池化层和输出层。输入层为模型输入用于计算的文本特征表示矩阵;卷积层对输入表示特征进行特征提取计算,并构建特征图;池化层又称为子抽样层,其对特征图进行降维操作以实现参数降低;输出层依据任务目标选择合理的输出函数来实现分析判别。

3. 注意力机制

在认知科学中由于消息处理的瓶颈,人类会选择性地关注所有信息的一部分,

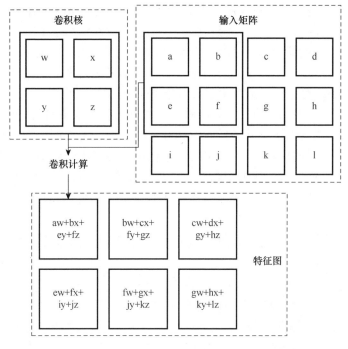

图 3.1 卷积计算示意

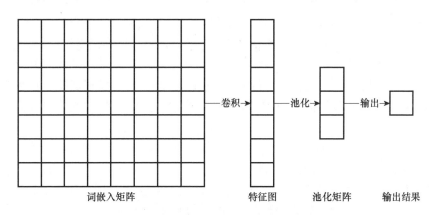

图 3.2 基于卷积神经网络的判别模型基础结构

同时忽略其他可见的信息。上述机制通常称为注意力机制(attention mechanism)。注意力机制主要关注两个方面:一是决定需要关注输入的是哪部分;二是分配有限的信息处理资源给"重要"的部分。随着学者对计算机科学和脑科学研究,注意力机制被用来进一步提升模型的特征表达效果,起到优化模型的"理解力"的作用。注意力机制最早在自然语言处理方面的应用是优化机器翻译模型的性能,后来逐渐在其他 NLP 任务取得了良好表现[134]。Yin 等提出了概念,将深度学习中的 CNN

引入注意力机制构建一个可应用于 NLP 文本分类的模型 ABCNN(attention-based convolutional neural network),这是注意力机制与 CNN 结合的早期探索性工作[135]。Luong 等的研究基于注意力机制的 CNN 模型,考虑全局(global)特征和局部(local)特征的提取,引入不同级别特征注意机制来应对文本翻译任务。结合注意力机制的 CNN 可以很好地应用于文本分类问题[136]。

上述研究内容说明注意力机制能够实现更好的特征提取计算,使模型的特征表示更充分,并在自然语言处理任务中具有良好表现。鉴于深度学习和注意力机制在特征提取方面的优势,采用多层次的注意力机制来优化模型对网页标签和文本内容信息的特征提取。该模型既具有良好的鲁棒性和特征学习能力,又充分考虑了网页的多种特征信息(网页文本信息、HTML 超文本标签信息)。

3.2 基于网页分析的位置服务数据资源发现模型

本节将详细介绍基于网页分析的位置服务数据资源发现模型(LRDM),LRDM 在基于深度神经网络的网页分析模型的基础上引入多层注意力机制来丰富网页结构特征的提取,使模型能够更加适应复杂多样、海量、隐晦的互联网泛在位置服务数据资源环境。首先对 LRDM 进行了概述,介绍了模型结构、任务的定义和变量表示;其次介绍了 LRDM 的各计算层,分别为基于多粒度语义信息的文本嵌入层、基于局部级注意计算的特征表示层、基于卷积计算的特征提取层和基于标签级注意力计算的特征引入层;再次介绍了模型的待训练参数、训练方法及相关函数;最后介绍了一种基于集成学习和注意力机制的卷积神经网络来实现网页分析[137],该模型通过网页文本标签的子数据集来训练不同的基学习器以实现集成模型的构建,并对预测结果根据不同标签的权重影响实现赋值加权用以网页分析。

本节设计的基于网页分析的位置服务数据资源发现模型具有如下新颖特点。

(1)相较于基于核函数的模型,深度神经网络的特征学习能力更强,神经网络判别的准确度高,学习能力强。深度神经网络模型对噪声数据有较强的鲁棒性和较强的容错能力,泛化性较好,能充分逼近复杂的非线性关系。

(2)在文本语义特征构建方面,采用多粒度嵌入来丰富特征表示,通过结合词汇嵌入和段落嵌入完成 LRDM 的输入嵌入构建。除考虑不同粒度语义特征信息表示,基于词嵌入的文本特征表示方法与基于手工构建和外部知识的特征构建方法不同,能够通过预训练的方式更加高效、便捷地解决下游任务。同时,词嵌入模型的可扩展性更好,其更加适用于日益更新的大规模互联网数据资源。

(3)采用多层注意力计算的模型结构,通过多层注意力计算来优化局部词汇的文本序列信息和网页 HTML 标签信息的提取。其中,局部级注意力层对文本中需关注的局部信息进行权重优化,将输入嵌入与注意计算后特征矩阵相结合起到丰富信息表达的作用。网页标签级注意力层通过对不同类别 HTML 标签的内容执行注意力计算,引入网页结构特征信息使模型更好地适用于网页数据资源的信息发现。

3.2.1 模型设计与结构

基于网页分析的位置服务数据资源发现模型 LRDM 结构如图 3.3 所示。

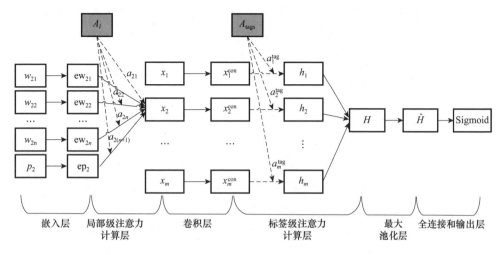

图 3.3 LRDM 结构

其主要包括以下部分:

(1)嵌入层(embedding layer):采用预训练的嵌入模型将原始输入文本序列转化成嵌入。嵌入向量被用作模型输入,输入嵌入向量由词嵌入向量和段落嵌入向量拼接组成。

(2)局部级注意力计算层(local-level attention layer):对输入嵌入进行局部注意力的计算,将局部注意力信息与嵌入信息相融合生成新的向量矩阵。对文本转化后的嵌入向量执行局部注意力计算。提升对判别结果影响力大的特征信息的关注度,降低对判别结果影响力小的特征信息的关注度,使文本数据的特征表达更加充分合理。

(3)卷积层(convolution layer):对局部注意力计算后的向量矩阵执行卷积操作,提取文本序列的特征信息。

(4)标签级注意力计算层(tags-level attention layer):对不同网页标签级的卷积矩阵赋予不同的权重向量,实现 HTML 超文本标签级(网页结构特征)注意力计算。将经过卷积特征提取后的隐藏信息的特征矩阵依据不同网页标签类型进行划分,并执行标签级的注意力计算。通过网页标签级注意力计算,LRDM 在局部级注意力计算和卷积特征提取的基础上引入网页结构特征,使模型对网页数据资源的分析判别更适用于实际互联网应用。

(5)最大池化层(maxpooling Layer):采用最大池化操作实现特征的再次提取,并起到提高模型鲁棒性的作用。

(6)全连接和输出层(fully connected & output layer):经过最大池化后,采用全连接及 sigmoid 函数计算最终网页是否为蕴含位置服务信息的数据资源的判别结果并完成输出。

一条网页数据 $wp = \{t_1, t_2, \cdots, t_m\}$ 包含 m 段 HTML 标签文本,每段文本 $t = \{w_1, w_2, \cdots, w_n\}$ 包含 n 个词汇,w_k 表示文本序列中第 k 个词汇。目标是发现网页集合 $WPs = \{wp_1, wp_2, \cdots, wp_l\}$ 中的位置服务数据资源网页。输出的预测结果为蕴含位置服务信息的数据资源和非蕴含位置服务信息的数据资源两类。

3.2.2　引入多粒度概念的语义信息表示与嵌入构建

嵌入层通过结合 Word2vec 嵌入[106]和段落向量的分布式存储模型(PV-DM)[138]构建多粒度语义信息的文本输入嵌入(图 3.4)。Word2vec 模型将每个单词映射到一个固定维度 d 的空间向量,该向量用来表示单词之间的关系。PV-DM 采用无监督学习方法来生成任意长度的文本段落向量,在提取词的语义特征的同时考虑了词序特征,丰富了段落信息的特征表示,实现从网页中提取不同长度的文本数据的时间序列特征。

文本序列 t 由 n 个单词组成,表示为 $t = \{w_1, w_2, \cdots, w_n\}$,每个单词 w_k 可以通过预先训练的 Word2vec 嵌入模型[106]转化为一个向量来表示单词的特征信息,d 是单词嵌入向量的维数。对于预训练构建好的嵌入模型而言,V 是嵌入模型能够将单词转化为向量的且固定大小为 $|V|$ 的词汇库,V 的索引集合表示为 $V = \{0, 1, \cdots, |V|-1\}$,文本序列 t 中的单词文本可以从 V 中找到对应的嵌入向量。w_k 的嵌入词为

$$ew_k = Ev^k \tag{3.1}$$

式中:E 为由 Skip-gram 预训练的词嵌入模型,用于表示单词的特征;v^k 为用于表示 E 中单词索引的一维向量,采用独热编码(One-Hot Encoding)。$|V|$ 为用于构建单词特征的嵌入模型中的单词数,也是 v^k 的维数。例如,第一个单词 w_1 位置向量 v^1 是 $\{1, 0, \cdots, 0\}$。根据文献[138],预训练出段落嵌入模型 V_p,段落嵌入模型输出文本序列 t 的 PV-DM 嵌入表示为 ep。第 j 个标记的文本的嵌入表示为 $emb_j = \{ew_{j1}, ew_{j2}, \cdots, ew_{jn}, ep_j\}$。$ep_j$ 和 ew_{jk} 的向量维数为 d,网页 wp 的输入嵌入表示为

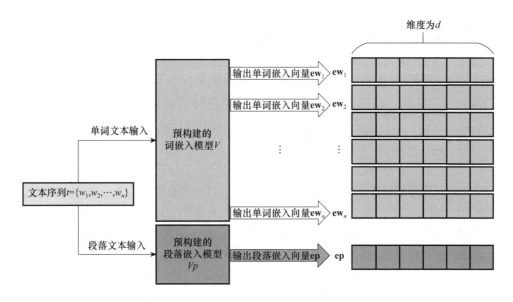

图 3.4　文本嵌入构建

$\text{wp}_{\text{emb}} = \{\text{emb}_1, \text{emb}_2, \cdots, \text{emb}_m\}$，网页标签类别数为 m。

3.2.3　输入嵌入的局部级注意力计算

局部级注意层引入注意机制来计算输入嵌入的局部级信息的重要性。根据词汇的局部信息对模型的影响，对不同的词汇赋予不同的权重。局部注意力的计算公式如下：

$$m_{jk} = \tanh(\boldsymbol{\omega}_l e_{jk} + \boldsymbol{b}_l) \tag{3.2}$$

$$a_{jk} = \text{softmax}(\boldsymbol{m}_{jk}^{\text{T}} \boldsymbol{A}_l) \tag{3.3}$$

$$\boldsymbol{x}_j = \sum_k a_{jk} e_j \tag{3.4}$$

式中：e_{jk} 为局部特征的嵌入，其中 $\boldsymbol{\omega}_l$ 和 $\boldsymbol{b}_l$ 分别为权重矩阵和偏差矩阵；$\boldsymbol{A}_l$ 为待训练的局部注意的参数矩阵；a_{jk} 为 e_{jk} 的局部注意权重矩阵，表示该词汇的重要程度；$\boldsymbol{x}_j$ 为对网页的第 j 个标签文本进行局部注意力计算加权后的输出矩阵，其形状为 $(n+1) \times d$。

首先基于 tanh 函数的局部注意层对嵌入进行线性变换，然后局部级注意层基于 softmax 函数计算每个词汇局部特征的重要性（a_{jk}），最后通过对嵌入项的加权平均完成局部级注意力计算。

3.2.4 基于深度卷积神经网络的特征提取

通过卷积层对输入矩阵 x_j 执行卷积运算来提取文本特征,利用卷积层滑动窗口学习数据特征。通过第 $o(o \leq n+1)$ 个滑动窗口的向量集表示为 $X_{jo} = \{x_{jo}, x_{j(o+1)}, \cdots, x_{j(o+p-1)}\}$,其中滑动窗口大小为 p,每个窗口向量 X_{jo} 通过滑动窗口获得权重。LRDM 的卷积运算公式如下:

$$x_{jo}^{\mathrm{con}} = f(X_{jo} \odot \boldsymbol{\omega} + b) \tag{3.5}$$

式中:x_{jo}^{con} 为卷积操作后网页数据资源的第 j 个 HTML 标签的隐藏信息特征矩阵,它是通过将每个滑动窗口的输出结果向量拼接而成的。$\boldsymbol{\omega}$ 为权重矩阵;b 为贝叶斯偏置值;f 为非线性激活函数——线性整流函数(又称修正线性单元(rectified linear unit, RELU)),线性整流函数的运算公式为

$$f(x) = \max(0.01x, x) \tag{3.6}$$

网页 wp 的特征矩阵为 $X^{\mathrm{con}} = \{x_1^{\mathrm{con}}, x_2^{\mathrm{con}}, \cdots, x_m^{\mathrm{con}}\}$,$m$ 为网页的 HTML 标签类别数。卷积参数设置方面,LRDM 的卷积层使用的卷积滑动窗口大小分别为 3、4 和 5,为尽量减少丢失重要信号的可能性,每个窗口有 100 个滤波器。

3.2.5 引入网页结构特征的标签级注意力计算

为了引入网页结构特征,降低不相关标签信息的权重,增加影响标签信息的权重,LRDM 通过标签级注意计算来引入网页结构特征。标签级注意层用于计算网页标签信息的注意程度。网页的卷积特征矩阵集合表示为 $X^{\mathrm{con}} = \{x_1^{\mathrm{con}}, x_2^{\mathrm{con}}, \cdots, x_m^{\mathrm{con}}\}$,其中 $x_j^{\mathrm{con}}(j<m)$ 为卷积层特征提取后网页第 j 个标签中文本数据的特征矩阵,用于描述网页 HTML 标签中文本的隐藏信息。标签级注意层通过计算网页 HTML 标签特征矩阵的权重矩阵引入标签特征信息。通过标签级别注意力计算,观察每个标签对网页信息的影响,并对不同标签特征矩阵进行注意力加权。计算式如下:

$$m_j^{\mathrm{tag}} = \tanh(\boldsymbol{\omega}_t x_j^{\mathrm{con}} + \boldsymbol{b}_t) \tag{3.7}$$

$$a_j^{\mathrm{tag}} = \mathrm{softmax}(\boldsymbol{m}_j^{\mathrm{tag}^{\mathrm{T}}} \boldsymbol{A}_{\mathrm{tags}}) \tag{3.8}$$

$$H = \sum_k a_j^{\mathrm{tag}} x_j^{\mathrm{con}} \tag{3.9}$$

式中:x_j^{con} 为对输入网页的第 j 个标签进行卷积后的输出矩阵;$\boldsymbol{\omega}_t$ 和 $\boldsymbol{b}_t$ 分别为标签级注意层的权重矩阵和偏差矩阵;$\boldsymbol{A}_{\mathrm{tags}}$ 为需要训练的标签级注意的参数矩阵;a_j^{tag} 为 x_j^{con} 的标签级注意权重;H 为对输入网页执行标签级注意力加权后的输出。

首先标签级注意层基于 tanh 函数对嵌入进行线性变换,然后基于 softmax 函数计算每个标记级特征矩阵的重要性 a_j^{tag} ,最后通过对卷积特征矩阵的加权平均完成标签级注意计算。

然后对网页 wp 的表示矩阵 $\boldsymbol{H}$ 执行最大池化(maxpooling)操作,其定义为

$$\hat{\boldsymbol{H}} = \text{Maxpooling}(\boldsymbol{H}) \tag{3.10}$$

采用 sigmoid 函数对最大池化操作后的 $\hat{\boldsymbol{H}}$ 进行概率输出。sigmoid 函数的输出 Y 为网页是否为蕴含位置服务信息的数据资源判别:

$$Y = \text{sigmoid}(\boldsymbol{\omega}_s \hat{\boldsymbol{H}} + \boldsymbol{b}_s) \tag{3.11}$$

式中:$\boldsymbol{\omega}_s$ 为 sigmoid 输出的权重矩阵;$\boldsymbol{b}_s$ 为 sigmoid 输出的偏置矩阵,利用 sigmoid 函数将内部函数转化为概率函数,实现二进制输出,即网页数据资源是否为位置服务数据资源的判别;Y 为输出结果,如果 $Y \geq 0.5$,则预测输出 wp 为蕴含位置服务信息的数据资源,否则预测 wp 为非蕴含位置服务信息的数据资源。

3.2.6 模型训练

在模型训练阶段,使用端到端的反向传播进行训练来优化 LRDM 中的训练参数。LRDM 各计算层的待训练参数为局部级注意层[$\boldsymbol{\omega}_l;\boldsymbol{b}_l;\boldsymbol{A}_l$]、卷积计算层[$\boldsymbol{\omega};\boldsymbol{b}$]、标记级注意力计算层[$\boldsymbol{\omega}_t;\boldsymbol{b}_t;\boldsymbol{A}_{tags}$]和 sigmoid 输出层[$\boldsymbol{\omega}_s;\boldsymbol{b}_s$]。通过最小化损失函数来训练模型,损失函数计算公式如下:

$$H_{Y_i'}(Y_i) = -\sum_i Y_i' \lg Y_i \tag{3.12}$$

式中:Y_i' 为实际网页是否为位置服务数据资源的布尔标签;Y_i 为 sigmoid 激活函数计算得到的判别结果,区间为[0,1]。在模型训练阶段,采用 AdaDelta 方法[139]加速收敛,减少计算量。初始学习率为 0.001,批量大小为 32。LRDM 采用 dropout[140] 策略和 k 折交叉验证来避免过拟合并减少计算量。

3.3 基于注意力机制与集成学习的网页分析方法

对网页信息表达而言,不同标签中的文本数据对用户理解信息的影响程度是不同的,相较于子标签,标题和摘要标签中的数据对网页信息的概述效果更好,更便于用户理解网页信息。根据上述思想设计了一种基于注意力机制和集成学习[141]的网页黑名单判别方法,此方法用于构建基于注意力机制和集成学习的卷积神经网络网页分析模型(EACNN),如图 3.5 所示。

首先将网页 HTML 数据根据标签类型抽样为若干个子训练集;然后对不同标签(Tags)的训练子集采用基于注意力机制的 CNN(ACNN)来构建基学习器;最后

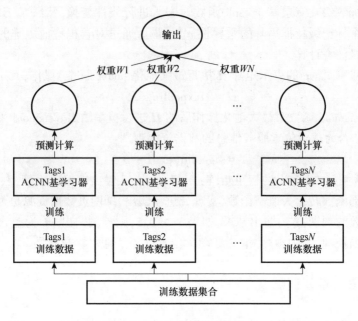

图 3.5　EACNN 模型结构

通过集成学习的方法对不同的基学习器赋予一个不同的权重 W_k，实现网页黑名单的判别输出。

3.3.1　基于注意力机制的 CNN 基学习器

基于注意力机制的 CNN(网页判别基学习器模型 ACNN)结构如图 3.6 所示。其结构由以下部分组成：

(1)嵌入层：将文本映射到多维实数空间，实现语义表达。基于 Word2vec 的 Skip-gram 策略预训练词嵌入模型[23]，用于将原始输入文本序列转化成嵌入矩阵，并将嵌入矩阵作为注意力计算层的输入。

(2)注意力计算层：对嵌入矩阵进行局部注意力的计算，获取文本序列的注意力信息来生成注意力矩阵。卷积层的输入矩阵为嵌入矩阵和注意力矩阵的拼接结果。

(3)卷积层：对输入的嵌入矩阵执行卷积操作，提取特征信息。

(4)最大池化层：对卷积结果矩阵进行特征的再提取，减少模型参数量的同时提高模型的鲁棒性。

(5)输出层：数据归一化处理。对最大池化层输出的特征矩阵采用 sigmoid 函数计算输出结果，完成网页是否为黑名单的判别。

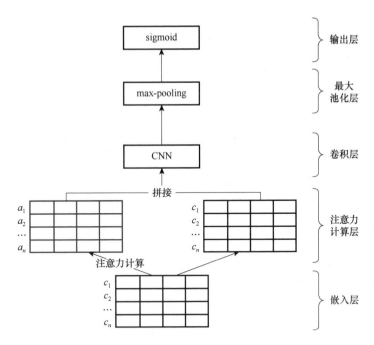

图 3.6 基于注意力机制的 CNN 网页判别模型

1. 词嵌入

嵌入层采用 Jieba 开源工具进行删除停用词和中文分词的预处理工作,并基于 Word2vec 方法的 Skip-gram 模型实现词向量的构建。嵌入层通过 Word2vec 嵌入模型将输入文本映射到多维实数空间上,构建嵌入向量来表达文本特征和语义内容。表达方式为将一个词汇长度 n 的句子通过预训练的词嵌入模型,生成输入矩阵 $X=\{c_1,c_2,\cdots,c_n\}$,其中 X 为 $n\times d$ 的矩阵,n 为输入文本的词长度,d 为词向量长度,c_i 为句子中第 i 个词汇的嵌入向量。嵌入表达采用基于 Wikipedia_zh 中文维基百科语料贡献的词向量模型[24]。词向量模型的基本设置:动态窗口大小为 5,消极采样为 5,迭代次数为 5,低频词汇为 10,二次采样为 10^{-5}。

2. 注意力计算

注意力计算层通过引入注意力机制提升嵌入矩阵的特征表达能力。注意力计算层为更好地关注与判别操作紧密相关的关键词,设计了自注意矩阵。采用滑动窗口来计算局部嵌入矩阵的权值,滑动窗口大小为 j,每个窗口的权值是不共享的。为保证窗口的中心词均是原始向量中矩阵的词,实现覆盖全部嵌入向量,在输入矩阵首尾各加入 $(j-1)/2$ 个随机初始向量。随后执行局部嵌入重要程度的计算。

评价局部嵌入重要程度的计算公式如下:

$$s_i = f(W_{att} \cdot X_{i:i+j-1} + b_{att}) \tag{3.13}$$

式中：s_i 为窗口中心词的重要程度向量；$X_{i:i+j-1}$ 为输入的第 i 个到第 $i+j-1$ 个窗口内的嵌入矩阵；W_{att} 为输入词的注意力权值矩阵；b_{att} 为注意力偏置值矩阵；$f(\ )$ 为 sigmoid 激活函数。

关键词阈值设定公式：

$$\lambda = \frac{1}{n}\sum_{i=1}^{n}|s_i|$$

通过将词的重要程度 s_i 的大小与阈值 λ 的对比得到词的关键向量 a_i，定义如下：

$$a_i = \begin{cases} \mathbf{0}, & |s_i| \leq \lambda \\ c_i, & |s_i| > \lambda \end{cases} \tag{3.14}$$

a_i 保留了重要程度更高的词汇，并将低于平均影响力的词汇的权重设置为 ($\mathbf{0}$)。c_i 为词的原始输入向量，将 $\{a_1, a_2, \cdots, a_n\}$ 拼接得到经过自注意矩阵的 X_{att}。矩阵 X 和矩阵 X_{att} 拼接构成卷积层的输入矩阵 X_{con}。

3. 卷积与预测

卷积层通过对输入矩阵的卷积操作来提取文本的局部特征，基学习器的卷积运算如下：

$$\mathbf{co}_i = f(\sum W_{con} \cdot X_{con,i:i+h-1} + b) \tag{3.15}$$

式中：$\mathbf{co}_i(i=1,2,\cdots,n-h+1, h$ 为窗口大小) 为卷积运算后的结果矩阵；$X_{con,i:i+h-1}$ 为卷积层输入的第 i 个到第 $i+h-1$ 个窗口内的矩阵；W_{con} 为权值矩阵；b 为偏置矩阵；$f(\ )$ 为 sigmoid 激活函数。

然后采用最大池化操作，对卷积操作提取的特征进行压缩并提取主要特征，将池化得到的最大值进行拼接，得到一条一维特征向量 $\hat{c}$ 的池化操作：

$$\hat{c} = \max\{\mathbf{co}_1, \mathbf{co}_2, \cdots, \mathbf{co}_{n-h+1}\} \tag{3.16}$$

最后将池化后的输入矩阵 $\hat{c}$ 与判别神经元进行全连接操作，得到判别结果：

$$y = \text{sigmoid}(W_f \cdot \hat{c} + b_f) \tag{3.17}$$

sigmoid 函数适用于二分类问题中将内部函数转化为概率函数；$W_f \in \mathbf{R}^{1 \times M}$ 为用于网页黑名单判别的 1 维矩阵；b_f 为偏置矩阵。

4. 模型训练

ACNN 是二分类模型，因此激活函数选择为 sigmoid，通过将空间矩阵映射到区间 $[0,1]$，实现网页是否属于黑名单的预测。

sigmoid 计算公式为

$$f(x) = \frac{1}{1+e^{-x}} \tag{3.18}$$

代价函数选择交叉熵损失函数，定义如下：

$$L(\hat{y},y) = -y\log(\hat{y}) - (1-y)\log(1-\hat{y}) \qquad (3.19)$$

式中:y 为实际类别标签值;$\hat{y}$ 为 sigmoid 激活函数计算得到的判别结果,区间为 [0,1]。

在模型训练阶段采用梯度下降法来加快收敛并减少计算量,引入 dropout 策略[25]和 k 折交叉验证来防止过拟合。本书 dropout 和 k 折交叉验证的参数分别为 0.5 和 3。

3.3.2 基于网页结构特征的集成学习器构建

考虑不同的网页标签对网页信息的表现力不一样,需要分析不同网页结构文本对网页判别的权重系数。将不同标签数据集设置为不同基学习器的训练集,每个训练集对应训练一个基学习器。与传统 Bagging[142]采用投票方式不同的是,本节为每个基学习器的输出赋予一个优化权重,即通过每个基学习器输出结果为原始输出与优化权重的乘积,总体结果为基学习器输出结果累加和的平均数。具体计算过程如下:

将网页 HTML 数据集根据标签类别抽样成 N 个子数据集,表示为 $T=\{T_1, T_2,\cdots,T_N\}$。标签类别数目与基学习器个数相同,均为 N。第 k 类子数据集表示为 $T_k=\{t_{k1},t_{k2},\cdots,t_{km}\}$,$t_{km}$ 表示第 k 类标签子数据集的第 m 条文本数据。

第 k 类基学习器对 t_{km} 的预测输出结果表示为 $O_k(t_{km})$,经过集成学习概念对第 m 个网页是否为黑名单的判别结果计算公式为

$$O(t_m) = \frac{1}{N}\sum_{k=1}^{N} W_k O_k(t_{km}) \qquad (3.20)$$

式中:$O(t_m)$ 为对第 m 条网页进行集成计算的输出结果;W_k 为第 k 个基学习器的输出权重。

为保证集成学习器效果,需要对不同学习器的文本权重进行最优解计算。粒子群优化算法[26]具有对连续参数进行目标函数优化的能力,且搜索速度快、效率高,适合于实值型处理等优势。因此,本节采用粒子群优化算法实现对集成学习器权重 W 的求解:

$$\text{score}(W) = \sum_{k=1}^{N}\sum_{i}^{m} \text{rank}(t_{ki}) \qquad (3.21)$$

$$\text{rank}(t_{ki}) = \begin{cases} 1, \hat{y}(t_{ki}) = y(t_{ki}) \\ 0, \hat{y}(t_{ki}) \neq y(t_{ki}) \end{cases} \qquad (3.22)$$

式中:$\text{score}(W)$ 为当前输入文本设置权重对模型判别的影响效果,$W=\{W_1, W_2,\cdots,W_N\}$ 为各个基学习器的输出权重集合;$\text{rank}(t_{ki})$ 为基学习器 k 对第 i 个网

页的判别效果；$\hat{y}(t_{ki})$ 为基学习器 k 对第 i 个网页是否为黑名单的预测标记；$y(t_{ki})$ 为第 i 个网页是否为黑名单的实际标记。

算法 3.1 中每个粒子的训练参数表示基学习器的输出权重系数集合。算法 3.1 相关参数设置：Partn = 100，Itern = 10，Speed = 0.2。

算法 3.1 基于粒子群优化算法的 EACNN 权重设置方法
输入：粒子数 Partn，迭代次数 Itern，速度 Speed，EACNN 模型，网页的标记集合 $Y=\{y_1,y_2,\cdots,y_m\}$； 输出：最佳粒子参数 particlebest。
1. 随机初始化 Partn 个粒子集合，表示为 Wp = {wp$_1$,wp$_2$,…,wp$_n$}； 2. 循环迭代次数 Itern，操作； 3. 循环每个粒子 Wp$_i$，操作； 4. 利用粒子 Wp$_i$ 训练 EACNN 模型； 5. 利用式(3.21)评价当前粒子的参数效果； 6. 结束循环； 7. 更新最佳粒子参数：particlebest 为具有最高评价结果的粒子； 8. 循环每个粒子 Wp$_i$，操作； 9. 更新粒子参数：Wp$_i$←Wp$_i$+(particlebest-Wp$_i$)×speed； 10. 结束循环； 11. 结束循环； 12. 返回最佳粒子参数 particlebest。

3.4 资源发现模型性能评价

本节从实验设置、模型优化和实验结果分析三个方面进行阐述，以实现互联网位置服务数据资源发现模型的性能评价。实验设置通过数据集、参数设置和评估指标三个部分介绍实验的环境与基础。在模型优化方面，设计实验并验证模型在嵌入向量构建方式、基学习器权重设置和样本长度阈值设定环节的有效性，使模型具有更好的性能表现。最后通过分析实验结果，从标签级注意力层效果评价、网页分析基线方法性能对比和计算成本可行性分析三个角度评价位置服务数据资源发现模型。

3.4.1 实验设置

1. 实验数据集

图 3.7 为搜索引擎返回网页数据示例。

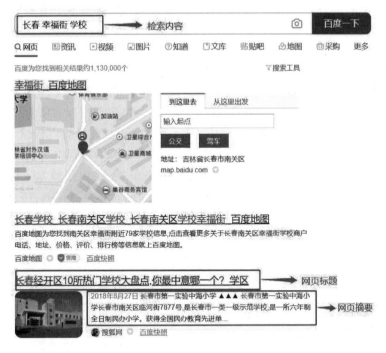

图 3.7 搜索引擎返回网页数据示例

为引入网页结构特征,在位置服务数据发现模型中同时考虑网页 HTML 标签特征和文本特征,将 HTML 文本数据根据元标签类型分为五类(见表 3.1):①搜索引擎返回的标题文本数据;②搜索引擎返回的描述文本数据;③<meta>元标签文本数据;④<h1>,<h6>各级小标题,<strong>强调,<em>强调,<b>黑体,<i>斜体;⑤<p>网页正文,<table>标签,<span>。在后续实验环节,通过利用网页 HTML 数据划分规则构建的不同数据集合来评估性能。

表 3.1 网页标签文本类型

标签	数据描述
1	搜索引擎返回的标题文本数据
2	搜索引擎返回的描述文本数据
3	<meta>元标签文本数据
4	<h1>,<h6>各级小标题,<strong>强调,<em>强调,<b>黑体,<i>斜体
5	<p>网页正文,<table>标签,<span>

将真实的互联网资源作为实验数据来源,选择用户常用的地理信息搜索任务作为位置服务数字资源发现的实验场景。在检索规则方面,将"城市—区县—街

道—地点类型(属性)”设定为检索内容的文本格式。该规则采用中文常用的信息描述方式,将地理信息描述的覆盖范围从城市逐步缩小到街、道(如长春市—朝阳区—卫星广场—银行),并根据当次搜索需求的功能类型(属性)进行搜索。基于爬虫技术和上述搜索规则使用百度搜索引擎来实现实验数据集合构建。

本数据集共包含4390条中文实际网页文本数据,并采用人工标注的方法对实验数据进行标记,其中正例2790条、反例1600条。将包含地理信息的网页标记为蕴含位置服务信息的有效资源(布尔值为1),将商业购物、投放广告、社区问答等与位置服务无关的网页标记为无效资源(布尔值为0)。数据集中70%的数据用来训练模型,30%的数据用来测试实验效果。如图3.8所示,每条样本除包含表3.1中的各标签属性的数据,还包含数据身份标识号(Identity document, ID)、URL文本和标记网页正反类型的布尔数据。

序号	标题	描述	URL	Tags3	Tags4	Tags5	位置服务
1	求吉林长春净	最佳答案: 东	http://www.ba	求吉林长春净	知道求吉林长	我来答经验	0
2	长春市实验中	长春市实验中	http://www.ba	长春市实验中	长	长	1
3	2018东北师范	3天前 - 学校	http://www.ba	2018东北师范	东北师范大学	24 长春今: 时	1
4	长春南关区宽	2017年10月3(	http://www.ba	ZAKER 聚合了	墨西哥客机坠	环球网2小时前	0
5	吉林省长春市	吉林省长春市	http://www.ba	吉林省长春市	全部城市意见	【切换城市】	1
6	长春市第二实		http://www.ba	长春市第二实	百科长春市第	清除历史记录	1
7	南关区宽城区	2017年10月3(	http://www.ba	本地宝长春教	南关区宽城区	加入收藏长春	1
8	...培训学校部	2018年1月26	http://www.ba	学校以音乐围	净月	2018年01月2(	0
9	长春南关区小	新湖镇西湖小	http://www.ba	长春南关区小	国内城市国外	你好, 请登	1
10	敲黑板!长春	敲黑板!长春	http://www.ba	敲黑板! 长春	国内城市国外	你好, 请登	1

图3.8 实验数据样本示例截图

2. 评价指标

为评价模型性能,选择准确率(accuracy)、精确率(precision)、召回率(recall)和F1分值作为评估指标。就判别结果列出混淆矩阵并说明各评价指标的计算过程:TI(true invalid)是指被正确判别为非位置服务数据资源的样本数;TV(true valid)是指被正确判别为位置服务数据资源的样本数;FI(false invalid)是指被错误判别为非位置服务数据资源的样本数;FV(false valid)是指被错误判别为位置服务数据资源的样本数。

表3.2 TI、FI、FV、TV判断构成

判别情况	真实情况	
	非位置服务数据资源	位置服务数据资源
非位置服务数据资源	TI	FI
位置服务数据资源	FV	TV

准确率、精确率、召回率和F1分值的计算式如下:

$$\text{accuracy} = \frac{TI + TV}{TI + TV + FI + FV} \quad (3.23)$$

$$\text{precision} = \frac{TI}{TI + FI} \quad (3.24)$$

$$\text{recall} = \frac{TI}{TI + FV} \quad (3.25)$$

$$F1 \text{分值} = \frac{2 \times \text{precision} \times \text{recall}}{\text{precison} + \text{recall}} \quad (3.26)$$

在上述评价指标基础上,采用受试者操作特征(receiver operating characteristic,ROC)曲线和曲线下面积(area under curve,AUC)值来进一步评价模型性能的优劣,ROC曲线的横坐标是错误判别为非位置服务数据资源的比率(false invalid page rate,FIR),纵坐标是正确判别为非位置服务数据资源的比率(true invalid page rate,TIR),计算公式为

$$FIR = \frac{FI}{FI + TV} \quad (3.27)$$

$$TIR = \frac{TI}{TI + FV} \quad (3.28)$$

ROC曲线越接近左上边界,该位置服务数据资源发现模型的网页数据资源是否蕴含位置服务信息的判别性能越好。AUC取值为0.5~1,若AUC值越大,其整体性能表现越好。

3.4.2 模型优化及分析

1. 引入段落嵌入向量的积极作用

在模型训练前采用NLP工具jieba对数据执行文本切词、去停用词、去标点符号的预处理操作。文本的预训练嵌入矩阵生成方面,采用Word2vec中的Skip-gram方法实现300维度嵌入中文词向量的构建,即每个单词转化为一个300维度的向量来描述该单词的特征信息,将词向量拼接后的300维度的词汇级嵌入矩阵来表示文本的词汇信息与语义信息[106]。并基于Le等的方法完成段落嵌入向量PV-DM的生成,PV-DM的维度同样为300,根据PV-DM嵌入模型将每个文本段落转化为一个300维度的向量来描述该段落的特征信息[140]。LRDM将互联网网页文本作为特征输入,为充分表示文本序列的隐含特征,提升在时间序列上特征的提取,在词汇级Word2vec嵌入的基础上,通过拼接PV-DM嵌入向量来丰富特征表示。由于不同段落的词汇拆分情况不同,将含有词汇最多的段落的词汇数定为阈值M。将特征矩阵空缺的位置进行前补零操作,即不同段落若存在词汇空缺,则

该位置的值为 0。根据上述操作可实现特征矩阵的构建。设计实验,观察并分析在 Word2vec 嵌入特征构建的基础上引入段落嵌入特征向量 PV-DM 对模型性能的影响。

根据表 3.3 的实验结果发现,不同嵌入输入对模型的性能影响不同,单纯依赖 Word2vec 的嵌入构建方法的模型的整体性能表现上稍逊于添加段落嵌入特征向量(Word2vec+PV-DM)的模型。结合词汇嵌入和段落嵌入后,能够将 LRDM 的判别准确率从 96.12% 提升到 96.58%,F1 分值从 96.95% 提升到 97.31%,采用输入文本的词汇级嵌入和段落级嵌入相结合的模型效果优于单独采用词汇嵌入的模型效果。实验结果表明,词汇级嵌入和段落级嵌入相结合能够对文本序列信息表达更加充分,段落嵌入向量的引入对文本信息的特征丰富和隐晦特征表示起到了积极作用。

表 3.3　嵌入方法评估

嵌入方法	准确率/%	精确率/%	召回率/%	F1 分值/%
Word2vec	96.12	96.78	97.13	96.95
Word2vec+PV-DM	**96.58**	**97.14**	**97.49**	**97.31**

2. 基学习器权重优化

表 3.4 列出,采用粒子群算法[143]实现 EACNN 的各基学习器的最优权重计算结果,粒子数、更新速率和迭代次数分别设置为 100、0.2 和 10。结果发现,基于标题文本数据(w_1)和元标签数据(w_2)构建的基学习器的权重系数(0.2134 和 0.2415)高于其他基学习器(w_3、w_4 和 w_5)的权重系数(0.1967、0.1794 和 0.1690)。考虑原因,标题和元标签更好地对网页的元信息进行了概述,而网页正文数据(w_5)蕴含的信息相较于其他标签内容更多样且驳杂,所以基于网页正文构建的基学习器的集成权重系数为 0.1690 最低。在后续实验环节,将沿用表 3.4 中的优化参数作为各基学习器的输出权重构建 EACNN 模型。

表 3.4　EACNN 各基学习器的输出权重

权重名称	权重系数
w_1	0.2134
w_2	0.2415
w_3	0.1967
w_4	0.1794
w_5	0.1690

3. 数据样本长度设置

网页数据的样本长度即为网页文本所包含的词汇数目。数据集样本长度统计曲线均为近对数正态分布,图 3.9~图 3.14(横轴坐标为样本长度,纵轴坐标为样本数目)分别表示不同标签类型的数据集合(标签类型设置见表 3.1)的样本长度情况,图 3.14 为网页 HTML 文本(全文本)的样本长度情况。样本长度如图 3.9~图 3.13 所示,不同数据集合的样本长度不同,整体呈正态分布趋势,单纯取长度最长的样本并将其他样本填充成同样的长度会浪费计算资源,导致样本间信息量偏差过大。鉴于上述问题,设计长度阈值 L 来标定样本长度,从而节约计算资源并优化输入内容的特征信息表示。

长度阈值的计算公式为

$$L = \mathrm{mean}(\mathrm{words}) + 2 \times \mathrm{std}(\mathrm{words}) \tag{3.29}$$

L 是样本长度的平均值与 2 倍样本长度的标准差之和。

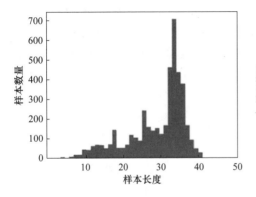

图 3.9 Tags1 样本长度情况

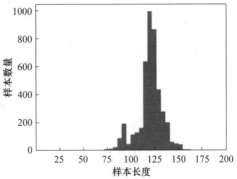

图 3.10 Tags2 样本长度情况

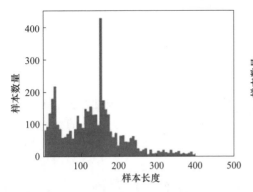

图 3.11 Tags3 样本长度情况

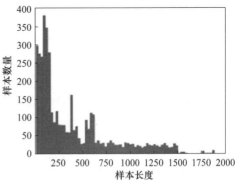

图 3.12 Tags4 样本长度情况

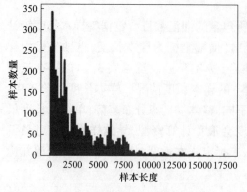
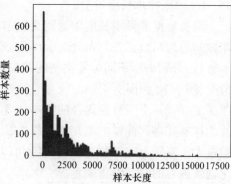

图 3.13　Tags5 样本长度情况　　　图 3.14　网页 HTML 文本长度情况(全文本)

当样本长度超过阈值 L 时截取末尾多余长度的样本,对样本长度低于阈值 L 的样本执行前补零操作。采用 L 和原始样本长度(OL)的不同数据集基学习器进行了 F1 分值的对比实验,观察设置样本阈值长度对模型的影响。图 3.15 显示了使用两种样本长度设置策略的不同训练数据集合构建的 EACNN 的基学习模型的性能。

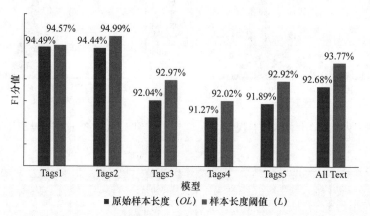

图 3.15　样本长度阈值 L 对不同学习器的 F1 分值影响

实验结果表明,对各学习器的嵌入输入部分而言,设置样本长度阈值能够不同程度地提升模型的整体性能。同时发现 Tags1 和 Tags2 的内容为网页的标题和摘要,属于样本长度范围较小的标签,蕴含更少的特征信息,因此样本长度阈值的设置对模型的提升效果较低。在样本长度普遍更长、蕴含更多文本内容的 Tags3、Tags4、Tags5 和全文本数据集时,样本长度阈值的设置使学习器的 F1 分值提升显著。证明了样本长度阈值设置能够帮助位置服务数据资源发现模型具有更好的性能表现。

3.4.3 实验结果及评价

1. 标签级注意力层效果评价

在本环节使用不同的标签子集构建不同的位置服务数据资源发现模型(无标签级注意层),这些模型是基于网页分析的位置服务数据资源发现模型的基学习器。通过对比实验分析了标签级注意层的引入对模型性能的影响。对比实验结果如表3.5所列。

表3.5 集成学习器与基学习器分类效果对比

模型	准确率/%	精确率/%	召回率/%	F1分值/%
全文本	91.80	97.95	90.19	93.77
Tags1	92.94	94.75	94.63	94.57
Tags2	93.74	93.88	96.39	94.99
Tags3	90.89	88.78	97.87	92.97
Tags4	89.64	88.04	96.73	92.02
Tags5	90.66	88.89	97.61	92.92
LRDM	**96.58**	**97.14**	**97.49**	**97.31**

与全文本训练模型(仅局部注意计算,不包含标签水平注意)相比,LRDM的精确率由97.95%下降到97.14%,而准确率、召回率和F1分值分别由91.80%、90.19%、93.77%上升到96.58%、97.49%、97.31%。上述结果表明,引入网页结构特征比单纯使用文本特征发现位置服务数据资源的效果更好。另外,从实验结果中发现不同的HTML标签对模型性能的影响是不同的。一般来说,使用搜索引擎返回的网页标题(Tags1)和摘要描述(Tags2)数据建立的模型的总体性能优于使用其他HTML标记数据(Tags3、Tags4、Tags5)建立的模型。这表明HTML标记数据引入的噪声信息较多,而文本长度较长,导致基于HTML标记数据的基础学习者的学习效果较差。实验结果表明,引入网页标签特征的LRDM的性能优于其他基础模型。这表明在基于深度学习的模型中引入标签级注意机制可以提高其在网页分析任务中的性能,从而更好地从网页集合中发现位置服务数据资源。

为观察与评价网页不同标签文本数据对网页结构特征信息的表示效果,采用不同HTML标签数据训练局部级注意力卷积神经网络模型,与LRDM进行比较。不同HTML标签数据集训练的模型的名称为Web_tags_model。通过观察不同模型的ROC曲线和AUC分值评价基于标签级注意力计算的网页结构特征提取是否对模型构建起到积极作用,并帮助其实现更好的数据资源判别,实验结果如图3.16所示。

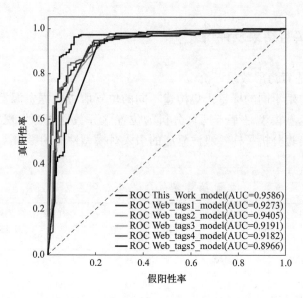

图 3.16 （见彩图）基础模型与 LRDM 的 ROC 曲线和 AUC 分值对比

实验结果表明,引入网页结构特征的位置服务数据资源发现模型 LRDM(This_Work_model)的 AUC(0.9586)和 ROC 曲线均优于其他模型。此外,根据实验结果可以观察到,基于 Tags1 和 Tags2 数据集合训练的模型(Web_tags1_models 与 Web_tags2_models)的性能优于其他标签数据集合训练的模型(Web_tags3_models、Web_tags4_models 和 Web_tags5_models)。这表明,网页文本的标题数据和摘要描述数据包含较少的噪声信息,并更好地汇总网页信息。但是,字体标签、正文标签和其他子标签中的文本数据包含的特征信息相对复杂,影响数据资源发现效果。此外,实验结果还证明在传统词嵌入文本特征构建的基础上引入网页结构特征(标签级注意力计算)对网页分析模型的构建起到积极作用。结合深度神经网络与多层注意力计算的 LRDM 结构在网页特征表达、提取和网页分析判别具有性能优势。

2. 网页分析基线对比实验

为进一步评价模型,通过选择主流的网页分析方法构建的模型作为基线,设计并实现对比实验来验证其先进性,基线模型包括基于核函数的机器学习模型(支持向量机和 k 近邻算法)、基于深度学习模型(卷积神经网络、双向长短时记忆(BLSTM)网络和门控递归单元(GRU 网络)和引入注意机制的深度学习模型。各模型输入特征为输入段落中全部词汇的 300 维 Word2vec 向量和该段落的 300 维 PV-DM 向量的拼接矩阵。基线对比实验的评价数据为构建的是否蕴含位置服务信息的网页文本数据集合。为保证基线对比实验的客观性,除网页分析模型选择、输入特征构建、实验数据集、实验环境等其他条件均相同。

(1) 支持向量机[144]：对数据进行二分类的广义线性分类器。其决策边界是学习样本要求解的最大边际超平面。

(2) k 近邻算法[145]：数据挖掘分类技术中经典的分类算法。类别是根据一个或多个最接近待判断样本的类别来确定的。

(3) 卷积神经网络[146]：一种具有卷积计算和深度结构的前馈神经网络，是深度学习的代表性算法之一。

(4) 双向长短时记忆网络[131]：一种时间递归神经网络，适用于处理和预测时间序列中间隔较长、延迟较大的重要事件。

(5) 门控递归单元网络[147]：LSTM 网络的一种变体，它在结构上比 LSTM 网络简单，且具有良好的结果。

(6) 基于注意力机制的卷积神经网络(attention-based CNN，ABCNN[135])：对输入的文本嵌入矩阵进行注意力计算，并基于卷积神经网络实现特征提取和预测输出。

(7) 基于注意力机制的集成 CNN 模型(ensemble learning-based ABCNN，EACNN)：在 ABCNN 的基础上结合集成学习的概念。EACNN 采用 bagging 集成学习方式利用各个标签子数据集训练基学习器。网页标签级特征的引入方式是用群智能算法为每个基学习器的输出训练一个实数权重。EACNN 各基学习器的嵌入层、局部注意层和卷积层与 LRDM 的结构相同。

实验结果如表 3.6 所列，基于深度学习的模型优于传统的 SVM 和 KNN 机器学习模型。这证明了深度学习模型在特征提取和学习方面已经超越了基于和函数的传统机器学习模型。利用该数据集进行的数据资源发现效果实验表明，三种基于深度学习的模型(CNN、BLSTM、GRU)具有相似的判别效果。基于卷积神经网络的模型(CNN)和递归神经网络类的模型(BLSTM、GRU)分别在提取局部特征和序列特征方面具有优势。网页标签中的标题数据和摘要数据文本长度较短，采用递归神经网络结构构建数据资源发现模型，尽管能够更好地学习时间序列上的特征，但会增加计算成本的消耗并在局部特征提取方面陷入劣势。此外，在不考虑不同标签数据对网页特征表示的影响力的情况下，将网页文本中各标签内容赋予相同权重，会引入更多噪声，从而干扰并降低对有价值信息的关注。相较于 ABCNN，LRDM 通过引入标签级的注意力计算能达到更好的模型表现。ABCNN 精确率(97.95%)高于 LRDM(97.14%)。但是在其他评估标准上，LRDM 的表现更好，这是数据集的样本量较小或数据分布不均导致的。使用线性的标签级特征的 EACNN 相较于其他模型具有明显的优越性，但简单直接地使用实数权重来表示网页结构特征忽略了非线性关系，有一定的局限性。对比实验结果表明，引入多层注意力计算的 LRDM 达到了最好的综合性能表现，准确率和 F1 分值分别达到了 96.58%和 97.31%，精确率(97.14%)和召回率(97.49%)均高于其他基线模型。

表 3.6 网页分析基线对比实验

模型	准确率/%	精确率/%	召回率/%	F1 分值/%
SVM	76.77	80.00	38.89	52.34
KNN	74.87	71.58	45.73	55.81
CNN	88.15	84.33	78.47	81.29
BLSTM	87.93	86.40	75.00	80.30
GRU	89.29	87.60	78.47	82.78
ABCNN	91.80	**97.95**	90.19	93.77
EACNN	96.90	96.23	94.96	95.58
LRDM	**96.58**	97.14	**97.49**	**97.31**

3. 计算成本可行性分析

为评估在实际场景中 LRDM 的计算成本是否能够被用户承担,选择了个人计算机(personal computer,PC)实现网页分析,并根据实验数据集合进行实验评价。实验环境和资源配置见表 3.7。

表 3.7 实验环境及配置

实验环境	配置参数
集成开发环境(IDE)	PyCharm CE
编程语言	Python 3.6
深度学习框架	Tensorflow 1.13
中央处理器(CPU)	2.6 GHz Intel Core i5
内存	8GB 1600MHz DDR3
图形卡 GPU	Intel Iris 1536 MB

表 3.8 显示了 LRDM 分析随机的 1000 个网页的时间计算成本,进行了 10 次随机实验并求出平均计算时间。

表 3.8 计算成本实验结果

次数	计算时间/s
第 1 次	60.04
第 2 次	60.31
第 3 次	59.67
第 4 次	59.84
第 5 次	59.28
第 6 次	62.50
第 7 次	60.06

续表

次数	计算时间/s
第8次	59.79
第9次	59.79
第10次	63.00
平均	60.43

实验结果显示,普通 PC 采用 LRDM 模型在发现位置服务数据资源任务时的效率达到每 1000 页 59.28~63.00s。平均判断一条网页文本数据是否为蕴含位置服务信息的时间约为 0.06s。这样的计算效率能够充分满足网民的实际应用,同时基于该网页分析模型除用于位置服务数据资源发现,还可扩展至过滤与用户需求不相关的搜索引擎返回网页的任务中。

3.5 本章小结

蕴含有效信息的数据资源发现是实现城市感知的基础环节。本章针对互联网泛在的蕴含位置服务信息的网页数据资源的自动发现任务中,所面临的网页文本特征的表示与提取困难、大规模数据条件下对高性能模型的需求,设计一种基于网页分析的位置服务数据资源发现模型 LRDM。该模型采用深度神经网络结构,采用结合词汇和段落的多粒度语义嵌入实现输入特征表示,并针对文本的语义特征和网页 HTML 标签特征,设计了引入注意力机制的特征计算层来优化模型的特征提取性能。为评价模型的实际效果,从真实的互联网资源中采集数据并构建实验数据集。根据实验结果(准确率、精确率、召回率、F1 分值、AUC 分值和 ROC 曲线),对资源发现模型 LRDM 的性能进行了评估。实验结果表明,引入标签级注意力计算的模型能够更好地判别网页数据资源是否蕴含位置服务信息。另外,通过与其他近年来提出的先进模型进行对比发现,本网页分析模型在二分类判别网页文本数据资源时具有更好的性能表现,拥有良好的准确率(96.58%)和 F1 分值(97.31%),验证了方法在网页分析任务中的先进性。最后,设计实验观察该模型在实际场景下的计算成本能否被普通 PC 承担,结果表现为在 8GB 内存和 2.6 GHz Intel Core i5 处理器的实验环境下,约 0.06s 即可实现网页数据资源的分析,基本满足用户对网页数据资源进行分析判别的效率需求。本章介绍了互联网位置服务数据资源发现的关键技术,重点设计了一种用于发现有效网页数据资源的网页分析模型,该模型具有良好的判别准确性和实际应用条件,为城市感知的信息发现环节提供了技术方法,能够帮助人们更好地发现互联网中蕴含位置服务信息的网页数据资源,为后续城市感知的数据抽取、数据处理、知识提取、服务构建环节奠定了基础。

第4章
互联网泛在城市数据获取技术

从位置服务数据资源中标记并获取城市数据,能够补充现有城市数据收集方式、完善城市感知相关理论及方法。收集数据作为城市感知的主要环节,合理选择泛在感知资源、调谐感知能力,实现高质量数据的获取十分重要。城市数据的传输和存储形式包括文本、流、图片、音频等。作为城市数据的最基本形式之一,文本数据是互联网上常见的数据类型,并表现为非结构化。文本数据是一种非结构化数据,因此实现标准化和语义理解更具挑战性。

4.1 关键问题阐释

4.1.1 问题解析

互联网泛在城市数据的获取是城市感知的核心任务。文本作为描述城市信息的主要数据,如何充分地表示语义信息、学习文本特征并识别目标文本,以实现准确、全面地获取城市文本数据,对城市感知方法研究至关重要。互联网泛在城市文本数据的获取涉及自然语言处理和Web数据挖掘等理论方法,需要识别与抽取目标数据,属于序列标注任务,是一个命名实体识别技术的实例化内容。

在中文语言环境中,命名实体识别(name entity recognition, NER)的研究工作主要存在的困难:实体文本存在非标准化、俗语表述、非公认缩写、多变体等不规范描述;词汇更新快速,导致语料库外的实体难以识别;中文句法与英文NER相比,不具有首字符大小写区、实体前加冠词"the"及空格断开词汇等特征表示方面的优势,因此中文NER的研究难度更大。另外,面对互联网数据更新迭代快速的特点,依赖字典与规则构建的方法不易维护,难以更好地完成任务。Web数据具有比纯文本更多的特征信息,如用于定位资源的URL地址、用于描述页面信息的HTML文本、用于传输数据的HTTP/HTTPS协议等。因此,如何将城市文本数据的互联网蕴含规律并引入城市文本数据收集方法中,构建性能表现优秀的城市文本数据识别模型是一个挑战。

4.1.2 解决思路

本章通过设计中文城市文本数据识别模型构建方法和互联网特征的引入与数据标记策略,给出基于深度学习的互联网泛在城市文本数据获取方法。

针对中文城市文本数据识别准确性有待提高的难题,分析现有词嵌入技术,引入全词掩码策略用于嵌入模型的训练,以弥补原始训练方法面临的缺乏词汇边界信息的问题,实现更符合中文句法的语义信息表示。另外,选择编码器—解码器的模型结构用于实现中文文本数据的特征提取与序列标注。编码器部分,为提高模型的识别能力,选择双向结构的长短期记忆网络来提取文本上下文及时间序列上的信息。解码器部分,利用基于概率分布计算的条件随机场模型来实现结果预测与输出。

针对城市文本数据在网页标签中的存在特征,设计特征引入方法与城市文本数据标记策略。固定数据源的同一标签中的数据类型往往相同,考虑将此概念引入城市文本策略中。利用 Web 聚类算法实现互联网数据源的类簇划分,用于从多源网页数据资源中学习城市数据在网页 HTML 标签中的蕴含特征,并设计城市数据标记方法。在通过识别模型初步标记的基础上,利用数据标记方法将错误识别为非城市文本数据的样本进行纠正,进一步提升获取的城市数据的全面性。

为评估方法性能,需比较城市数据识别模型与其他基线模型的性能表现,评估本方法是否具有数据获取准确性高的优势。此外,将数据标记方法与识别模型结合,观察能够获取更全面的数据集合。通过实验结果分析并讨论本方法在城市文本数据获取方面的工作价值。

4.1.3 相关技术基础

本节首先介绍基于命名实体识别技术的城市文本数据抽取的技术基础;然后介绍用于构建词嵌入模型的预训练模型 BERT,并分析、讨论其在中文语义表示的局限性;最后介绍互联网 Web 特征学习的相关技术,并对比 Web 聚类技术方案中的不同算法。

1. 命名实体识别

城市文本数据识别与抽取是一个序列标注任务、一个基于 NER 技术的实例化内容。例如,从"北京大学位于北京市海淀区颐和园路 5 号"中如何自动地发现地点名称"北京大学"和地址"北京市海淀区颐和园路5号"。NER任务采用的主要解决方案包括结合外部知识和人工规则的方法[148-149]、统计学习方法[150-152]和整合深度神经网络的方法网络模型[153-154]。深度神经网络不需要手动构造特征并从数据中学习模糊信息,不仅能发现一般规律,还能找到其独特性。因此,基于深度神经网络的NER方法具有节省构建和提取特征的人力成本并显著提高识别表现。近年来,基于深度学习的NER模型取得了许多积极成果,如基于字符的BLSTM-CRF[155],lattice LSTM-CRF[111]适用于中文语法规则,使用转移学习的序列标签模型[110]、基于自动连续分段和深度学习的NER模型[156]以及迭代膨胀—卷积神经网络(iterated dilated CNN,ID-CNN)[157]可以减轻传统卷积神经网络中信息的丢失,并考虑到计算效率和结果准确性。在英文实体识别领域,采用BLSTM-CRF结构的端到端序列模型表现出优异的性能[158-160]。

由于中文的特殊性,中文实体命名识别研究开展难度更大,主要原因有三个方面:一是中文实体缺少明显区分实体的标志,如定冠词(英文中的the)、专有名词的首字母标识(英文中的北京市-Beijing city)等;二是由于中文的语法的特殊性,存在一词多义现象(如我喜欢唱《茉莉花》)、时态词性变化(中文词汇不会随时态变化)和实体非连续性(如我是小明的同桌韩梅梅)等特定语言特征;三是中文词汇之间的边界模糊,如没有英文中空格之类的标识符来辅助实体识别。如何利用基于现有命名实体识别方法及理论,适应中文语言环境,设计高性能的命名实体识别模型并扩展到城市文本数据识别等各领域中具有深远意义。

2. BERT词嵌入

在自然语言处理任务中,文本的特征构建和隐藏信息表达尤为重要,决定了模型解决下游任务的能力。典型的词嵌入构建方法为Mikolov等提出的通过去除隐藏层逼近目标,进而使词嵌入的训练更加高效的Word2vec方法,Word2vec有CBOW和Skip-gram两种风格[106]。2018年,随着基于Transformer模型的BERT词向量训练方式,彻底提升了通过预训练生成的词向量的表达能力[107]。Transformer[161]依赖注意力机制并实现从输入和输出过程中全局依赖关系的提取,相较于CNN、RNN等网络结构既节省了计算资源又保证了序列特征的提取能力。相较于独热(one-hot)编码,CBOW和Skip-gram等词嵌入构建方法采用BERT预训练的词嵌入作为输入的学习器在命名实体识别、文本分类、自动问答、机器翻译等自然语言处理下游任务中具有更好的表现。

BERT由多层双向Transformers构成,如图4.1所示。

基于BERT的嵌入表示由Token嵌入、Position嵌入、Segment嵌入三部分构成,如图4.2所示。由于Transformer模型在全局特征提取性能方面的优势,BERT能够在一定程度上克服基于特征的方法(feature-based approaches)[162-163]和微调方法(fine-tuning approaches)[164-165]在上下文信息特征提取能力弱的困境。

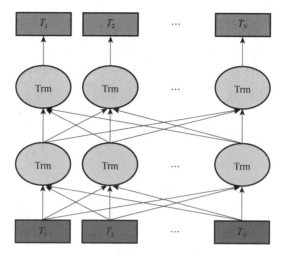

图 4.1　BERT 结构

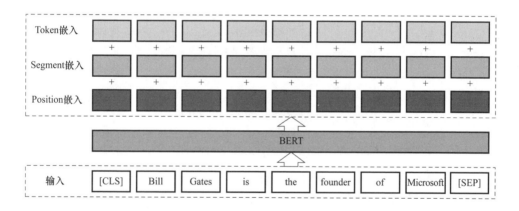

图 4.2　BERT 的嵌入表示

在训练英文嵌入模型时,BERT 采取掩盖语言模型(masked language model,MLM)策略。它随机掩盖(mask)输入序列中的部分令牌(token),然后在预训练中对它们进行预测。这使 BERT 学习到的嵌入表示能够融合两个方向上的序列特征。

由于在中文句法中词汇间没有间隔标识符,直接沿用 BERT 的 MLM 策略来训练词嵌入模型会导致随机掩盖的是字符而非词汇,从而使中文语义特征学习具有不合理性。为克服这一问题,HFL 团队采用模型 Chinese BERT-WWM(Pre-Training with Whole Word Masking for Chinese BERT)实现词嵌入的构建[166]。

3. Web 聚类

在 Web 挖掘任务中,一些聚类算法应用于互联网资源的信息识别与查询[167-168]。Fang 等认为用户从互联网资源中获取信息任务的本质是"学习查询",并利用搜索引擎来获取包含用户感兴趣的实体信息的网页[169]。基于 Fang 的思想,EUWC 通过利用聚类算法将网页进行类簇构建,并学习 HTML 标签的数据类型特征来优化城市数据识别模型,以缓解互联网数据源的多样性对城市数据提取带来的困难,在此基础上实现更准确和全面的城市数据获取。当前,主流聚类算法分为划分聚类、层次聚类、密度聚类三类,通过比较它们的优缺点讨论出适用的算法作为网页标签的特征学习的核心算法,对比与分析结果见表 4.1。

表 4.1 主流聚类算法对比与分析

代表方法	类型	优点	缺点
K-means[170]	划分聚类	计算复杂度低,面对密集、团状簇类聚类效果好	K 值设置和噪声数据敏感,容易陷入局部最优
AGNES、DIANA[171]	层次聚类	距离和规则容易定义,无须预先制定聚类数,可以发现类的层次关系	奇异值能对结果影响大;算法很可能聚类成链状,计算复杂度较高
DBSCAN[72]、OPTICS[173]	密度聚类	对噪声不敏感,能发现任意形状的簇	DBSCAN 对簇间距和阈值这两个参数敏感

基于划分聚类的 K-平均算法(K-means)[170]无法自动丢弃噪声数据,需要设置 K 值。K-平均算法很难处理非球形的簇和不同大小的簇,因此它不完全适用于噪声信息复杂的互联网资源大数据环境。层次聚类[171]不适用于计算资源需求高的大规模数据应用场景,以自底向上凝聚(agglomerative nesting,AGNES)算法和自顶向下的分裂(divisive analysis,DIANA)算法为例,其计算复杂度较高,为迭代次数乘以样本点数的平方。基于密度聚类的算法如 DBSCAN(density-based spatial clustering of applications with noise)[172]、OPTICS(ordering point to identify the cluster structure)[173]具有对噪声不敏感,能发现任意形状的簇,并自动设置类簇数目的优点,这类算法特性与互联网资源的 Web 聚类任务的需求相匹配。在基于密度聚类算法的比较中,OPTICS 在选择参数方面比 DBSCAN 具有更高的灵活性,DBSCAN 对簇间距和阈值两个参数敏感,OPTICS 能够同时处理一组距离参数值,即 OPTICS 将簇间距的设置由特定值优化为一个数值范围。

4.2 基于深度学习的互联网泛在城市文本数据获取方法

本节详细描述基于深度学习的互联网泛在城市文本数据获取方法(an approach of sensing urban text data from internet resources based on deep learning, SUDIR)。首先概述城市数据获取方法的整体架构;其次介绍基于深度学习的城市数据识别模型,用于中文城市文本数据的准确识别;最后介绍基于网页特征和聚类算法的城市数据提取方法(a method of extracting urban text data based on webpage features and clustering operation, EUWC),用于在识别模型标记城市数据的基础上进一步收集更多的目标数据,实现更加全面、准确的城市数据获取。

4.2.1 城市数据获取方法架构

设计一种基于深度学习的互联网泛在城市文本数据获取方法用于实现从蕴含位置服务数据的网页资源中获取准确、全面的城市数据集合。如图 4.3 所示,首先针对蕴含位置服务信息的网页集合发送数据传输申请,构建用于提取互联网泛在城市文本数据的候选网页文本数据集合;然后通过对网页文本数据进行预处理,如文本降噪、去重复文本和文本分词等操作提升网页文本数据资源的信息质量;最后通过结合城市文本数据识别模型和数据提取方法实现从候选数据资源中标记并提取城市文本数据,将提取的城市文本数据构建成数据集合,为上层应用提供计算资源,实现城市感知的数据获取。

城市数据获取方法主要包含以下两个关键内容:

(1)基于深度学习的互联网泛在城市文本数据识别模型。基于深度学习相关方法及模型实现纯文本中城市数据的准确标记。设计了一种基于深度神经网络 BERT-WWM+BLSTM-CRF 的城市数据识别模型,该模型涉及中文语言环境下的语义信息表示、隐含特征信息的特征提取和序列标记及预测计算。采用 BERT 词嵌入模型表示语义信息,通过引入中文全词切分的概念使嵌入信息更好地表示中文文本特征。为使模型具有更好的学习能力,基于深度长短期记忆网络从复杂隐晦的嵌入信息中提取目标信息、遗忘无关信息以学习特征规则实现特征提取。针对文本的上下文时序信息,通过双向结构使模型的特征学习更加充分。在预测计算方面,通过计算最大概率的方式,利用条件随机场模型和维特比(Viterbi)动态规划算法学习城市数据的标记规则并用以识别文本中的城市数据。

(2)基于网页特征于 Web 聚类的城市文本数据提取方法。引入网页结构特征实现互联网泛在城市文本数据的更全面提取。EUWC 引入同一网页源中的结构多为相同这一概念,通过利用网页的 HTML 标签表示其结构特征,并结合 Web 聚类

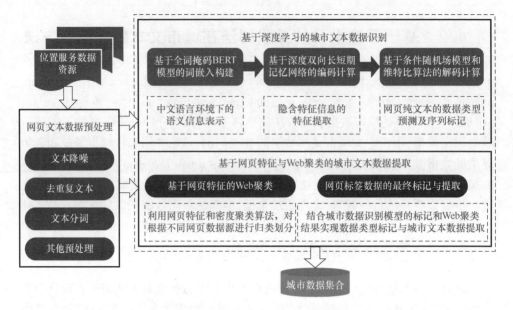

图 4.3　基于深度学习的互联网泛在城市文本数据获取方法总体架构

方法发现网页类簇。将同网页类簇中的数据根据原始识别标记和整体标记情况作为参考依据,实现该类簇各标签中数据的最终标记与提取,并将输出结果用于构建服务于城市计算应用的数据集合。

4.2.2　基于深度学习的城市文本数据识别模型

SUDIR 的城市文本数据识别模型使用中文词汇分割(Chinese word segmentation, CWS)概念的 WWM 策略构造单词嵌入以丰富语义表示,并使用双向深度神经网络模型获得从中文纯文本中提取城市数据。BERT-WWM-BLSTM-CRF 城市文本数据识别模型的结构分为 BERT-WWM 词嵌入层、BLSTM 编码层和 CRF 预测层。该模型采用基于 BERT 的 BERT-WWM 模型构建词嵌入,通过引入整词掩码策略来丰富中文文本的语义信息表示能力。BERT-WWM 的输入嵌入由 Token 嵌入、Segment 嵌入和 Position 嵌入组成。上述三类嵌入分别表示输入序列中的 Token、Segment 和 Position 信息。LSTM 编码器层用于从正向和反向提取隐含特征并输出提取到的隐藏信息。最后调用 CRF 作为预测层的结构单元对隐藏信息进行概率计算,将预测获得的最大概率序列作为输出结果,用以标记文本序列的数据类型。

BERT-WWM+BLSTM-CRF 城市数据识别模型的结构如图 4.4 所示,其中 W 表示中文文本词汇的嵌入,L 和 R 表示 BLSTM 特征提取单元,h 表示编码层输出的提取隐藏信息后的特征矩阵,BIOES 标记表示预测层的预测标记输出。

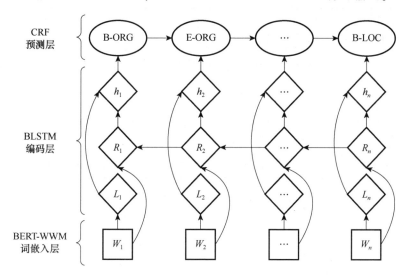

图 4.4　BERT-WWM-BLSTM-CRF 城市数据识别模型

1. 基于中文 BERT-WWM 模型的嵌入层

英语重视结构,汉语重视语义。中文的语法比较灵活,只要概念表达正确,没有语病和歧义即可。英文语法则有更多的固定搭配,有时意思正确了但从语法上来讲是错的。例如,有些搭配中 to、in、for 等一些介词都没有实际意义,但这些介词在英文表达中是必需的。此外,根据中文句子模式规则,一个中文单词通常由多个字符组成,并且两个中文单词之间没有语法标识符,在句子中由于没有类似英文"空格"的间隔符,直接采用谷歌官方发布的 BERT-base 项目中的掩码策略,训练输入的单词会存在部分掩盖现象,产生语义信息表示不适用于中文语言场景的局限性。例如,句子"BERT 是一种模型",掩盖结果可能是"BERT 是一种模[Mask]"。很明显,这并没有使嵌入模型具有更好的训练策略以适应中文的句法环境,在构建单词嵌入时会丢失部分语义信息。BERT-base 模型在构建中文嵌入时,忽略了中文语法规则,限制了词汇的语义表达。

引入全词掩码概念,通过预先切词的序列文本训练 BERT 模型,如果某个单词的特定字符被屏蔽,那么属于该单词的其他部分也将被屏蔽。通过将全词掩码策略应用于 BERT 嵌入模型而生成的嵌入模型称为 BERT-WWM。SUDIR 通过将 BERT 模型的训练文本中的"字掩码"策略优化为"全词掩码"策略,提升特征表达能力,使文本嵌入更适用于中文环境。将全词掩码策略应用在 BERT 嵌入模型的构建中生成的嵌入模型称为 BERT-WWM。全词掩码策略是,如果某个单词的某些字符被掩盖,则属于该单词的其他部分也将被掩盖。表 4.2 为中文句子的掩码策略示例。

表 4.2　中文句子的掩码策略示例

[Original Sentence]原始句子 使用 BERT 模型来预测下一个出现的单词
[Original Sentence with Chinese word segmentation]句子的中文分词结果 使用,BERT,模型,来,预测,下一个,出现,的,单词
[Original BERT Input]原始 BERT 输入 使用 B[MASK]RT 模型来预[MASK]下一个出现的单[MASK]
[Whole word masking Input]全词掩码输入 使用[MASK][MASK][MASK][MASK]模型来[MASK][MASK]下一个出现[MASK][MASK]

在实验环节,借鉴文献[107]训练 BERT 时的参数设置经验。BERT 不同掩码方式示例见表 4.3。

表 4.3　BERT 的不同掩码方式示例

[Original Sentence]原始句子 用于测试的句子
[Original Sentence with Chinese word segmentation]句子的中文分词结果 用于,测试,的,句子
[Replace the word with [MASK] token]采用[MASK]替换待掩码词汇 用于[MASK][MASK]的句子
[Replace the word with a random word]采用随机词替换待掩码词汇 用于纠正的句子
[Keep the word un-changed]不替换待掩码词汇 用于测试的句子

注:单词"测试"为待掩码的词汇。

将所有词汇中的 15%进行掩码替换操作。各掩码标记方式的使用频率参数:在所有被掩码的单词中,80%的单词替换为[MASK]标记,10%的单词替换为随机单词,10%的单词不变。BERT-WWM 的其他技术细节与 BERT 相同。

2. 基于双向长短期记忆网络的编码层

通过预训练的 BERT-WWM 模型实现文本序列向嵌入向量的转化,将嵌入向量作为编码器的输入,采用 BLSTM 作为城市文本数据识别模型的编码层的网络结构。BLSTM 以 LSTM 为基础结构,在自然语言处理任务中采用双向策略能够更好地提取上下文特征,丰富特征表达。LSTM 作为 RNN 的变体之一,除输入门(input gate)和输出门(output gate)外,它在 RNN 处理长序列的基础上添加了遗忘门(forget gate)和细胞单元,能够更好地保留有效信息并遗忘部分噪声信息。

图4.5为 t 时刻的 LSTM 网络，x_t 为 t 时刻 LSTM 网络的输入，h_t 为 LSTM 网络的隐藏信息。在时间为 t 时，LSTM 计算内容如下：

$$i_t = \sigma(W_{xi}x_t + W_{hi}h_{t-1} + W_{ci}c_{t-1} + b_i) \quad (4.1)$$

$$f_t = \sigma(W_{xf}x_t + W_{hf}h_{t-1} + W_{cf}c_{t-1} + b_f) \quad (4.2)$$

$$c_t = f_t c_{t-1} + i_t \tanh(W_{xc}x_t + W_{hc}h_{t-1} + b_c) \quad (4.3)$$

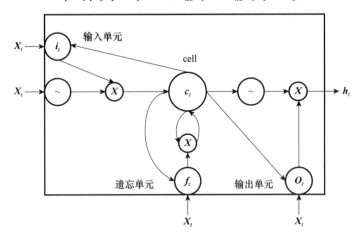

图 4.5　t 时刻的 LSTM 状态示意

式中：σ 为 Sigmoid 函数；x_t 为 t 时刻编码器输入的嵌入向量；i_t 为时刻 t 时输入门计算结果；f_t 为时刻 t 时遗忘门的计算结果；c_t 为时刻 t 时 cell 的计算结果。

$$o_t = \sigma(W_{xo}x_t + W_{ho}h_{t-1} + W_{co}c_t + b_o) \quad (4.4)$$

$$h_t = o_t \tanh(c_t) \quad (4.5)$$

式中：o_t 为时刻 t 时的输出门的计算结果；h_t 为时刻 t 时隐藏门计算结果；W 和 b 为权值矩阵和偏置。

通过嵌入层获得的词嵌入序列 $S=(c_1,c_2,\cdots,c_n)$，其中 $c_i(1\leqslant i \leqslant m)$ 表示 s 序列中第 i 个词汇的嵌入向量。BLSTM 在正向 LSTM 和反向 LSTM 的隐藏单元输出分别为

$$\overrightarrow{h_i} = \overrightarrow{\text{LSTM}}(s_i, \overrightarrow{h_{i-1}}) \quad (4.6)$$

$$\overleftarrow{h_i} = \overleftarrow{\text{LSTM}}(s_i, \overleftarrow{h_{i-1}}) \quad (4.7)$$

拼接 $\overrightarrow{h_i}$ 和 $\overleftarrow{h_i}$ 后获得双向 LSTM 的隐藏特征表达为 $h_i = [\overrightarrow{h_i}; \overleftarrow{h_i}]$。

3. 基于条件随机场的预测层

BLSTM 编码层的输出 h_t 是预测层的输入，条件随机场结构示意如图 4.6 所示。在预测层中，采用基于 CRF 和维特比算法的方法来预测最佳序列。CRF 是实现全局概率统计的有向图模型，执行归一化时，CRF 会考虑数据的全局分布，而不

仅仅是局部归一化,因此它可以更好地解码序列标记。CRF 用于对 BLSTM 输出的隐含状态 h_t 建模。

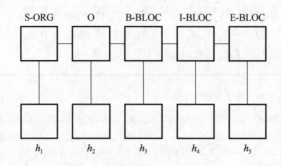

图 4.6 条件随机场结构示意

条件随机场的预测问题是给出定义条件随机场模型特征 $F(h,l)$ 和权重向量 w,以及输入序列(观测序列) $h = (h_1, h_2, \cdots, h_n)$ 和最终获得条件概率最大的输出序列 $y^* = (y_1^*, y_2^*, \cdots, y_n^*)$。基于条件随机场模型的维特比算法见算法 4.1。

算法 4.1 基于条件随机场模型的维特比算法
输入:模型特征向量 $F(h,1)$,权重向量 w,观测序列 $h = (h_1, h_2, \cdots, h_n)$
输出:预测结果 $y^* = (y_1^*, y_2^*, \cdots, y_n^*)$
1:初始化,计算各个标记 $j = 1, 2, \cdots, m$ 的非规范化概率 $$\delta_1(j) = w \cdot F_1(l_0 = \text{start}, l_1 = j, h)$$
2:当 $i \in n$ 时,循环
3:计算到位置 t 的各个标记 $l = 1, 2, \cdots, m$ 的非规范化最大值 $$\delta_i(l) = \max_{1 \leq j \leq m} \{\delta_{i-1}(j) + w \cdot F_i(y_{i-1} = j, y_i = l, h)\}$$
4:记录非规范化最大值的路径 $$\psi_i(l) = \arg\max_{1 \leq j \leq m} \{\delta_{i-1}(j) + w \cdot F_i(y_{i-1} = j, y_i = l, h)\}, l = 1, 2, \cdots, n$$
5:停止
6:$\max_y (w \cdot F(y, h)) = \max_{1 \leq j \leq m} \delta_n(j)$
7:$y_n^* = \arg\max_{1 \leq j \leq m} \delta_n(j)$
8:返回 预测内容
9:$y_i^* = \psi_{i+1}(y_{i+1}^*), i = n-1, n-2, \cdots, 1$
10:最大概率输出序列 $y^* = (y_1^*, y_2^*, \cdots, y_n^*)$

注:最大概率输出序列 $y^* = (y_1^*, y_2^*, \cdots, y_n^*)$ 为表示数据类别的预测序列,算法 4.1 中"·"表示乘积。

4.2.3　基于网页特征与 Web 聚类的城市数据提取方法

在城市文本数据提取方法设计方面,通过引入网页特征信息辅助基于深度学习的数据识别模型标记多源网页数据资源中的城市数据,可以进一步提升被提取城市数据的质量。如图 4.7 所示,map.baidu.com/poi 数据源中某标签内容中的数据类型相同,吉林大学(前卫校区)和长春理工大学(东校区)均为 POI 名称数据。这表明,同一数据源的同一标签中的数据类型往往相同,这一特征可用来进一步全面提取城市数据集合。针对这类知识和数据源的发现,单纯依赖数据识别模型是无法实现的。针对此限制,设计一种城市文本数据提取方法 EUWC,以使数据识别模型能够更好地感知多源 Web 资源中的城市数据。EUWC 可以校正数据识别模型标记的假阴性样本,使感测到的互联网城市数据更加全面和准确。

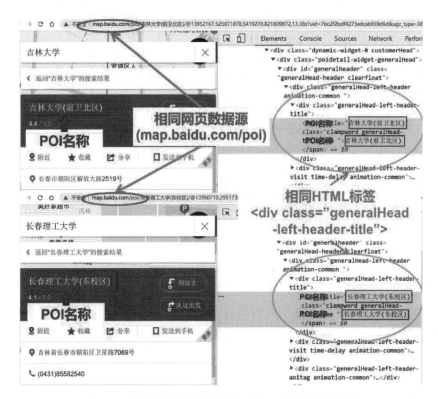

图 4.7　在相同数据源中同标签中数据类型相同的示例

EUWC 的步骤过程(图 4.8):首先基于 OPTICS 聚类算法对网页进行簇类划分,并去除噪声网页;然后采用基于深度学习的 BERT-WWM-BLSTM-CRF 识别模型对网页标签文本中的城市数据执行初始标记工作。接下来对网页数据进行最终标记,其中待训练的阈值 M 为选择条件。最终标记的思想为少数服从多数原则,也就是说如果某类标签中多数数据标记类型相同,则此类标签中全部数据标记为同一类型;如果标签中数据的标记类型分散,则此标签中的数据各自采用初始的标记结果。最后通过上述过程实现从网页位置服务数据资源的 HTML 文本中提取出标记为城市数据的数据,用于建立城市数据集合。

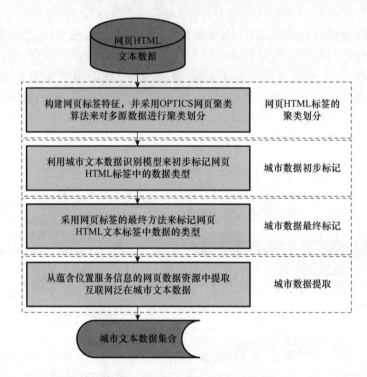

图 4.8　EUWC 的城市数据提取步骤

1. 基于网页特征的 OPTICS 网页聚类算法

通过设计一种基于网页特征和 OPTICS 的网页聚类方法(详见算法 4.2),来将同类数据源的网页进行聚类。网页的 HTML 具有树状结构,HTML 标签是 HTML 语言中最基本、最重要的单位,HTML 数据用于表示网页,因此使用网页的 HTML 数据结构和 HTML 标签内容作为特征表示网页,能够增强网页特征信息的表示能力。网页的 HTML 结构树的示例如图 4.9 所示。通过构建网页结构和文本信息特征,设计基于结构和标签特征的相似度计算方法用于 OPTICS 网页聚类算法中,计算网页在映射空间上"距离"的公式(式(4.8)~式(4.11))。

算法4.2 基于网页特征的OPTICS的网页聚类算法
输入:网页样本集合 $D=\{d_1,d_2,\cdots,d_n\}$;簇类间距 ε;   类簇密度的最低阈值 MinPts;   输出:各样本所属类簇的集合 $P=\{p_i\}_{i=1}^n$。
1.初始化变量:$k=1$;   辅助集合 $V=\{v_i\}_{i=1}^n$ 用来标记网页样本 d_i 是否被访问过($v_i=0$ 为 d_i 未访问);   reachDist(d_i)=UNDEFINED 为 d_i 的可达距离,$i\in\{1,2,\cdots,n\}$ 2.当 $D\neq\varnothing$ 时循环: 3.从样本集合 **D** 中选择 d_i,并将 d_i 从 **D** 中删除 $d_i(D:=D\setminus\{d_i\})$ 4.如果 $v_i=0$,则: 5.$v_i=1,p_k=i,k=k+1$ 6.如果 $N\varepsilon(d_i)\geq$ MinPts,则: 7.根据可达距离,将 $N\varepsilon(d_i)$ 中未访问的样本插入队列中,c_i 为 d_i 的核心距离,表示为 insertlist ($N\varepsilon(d_i),\{v_l\}_{l=1}^n,\{$reachDist$\}_{l=1}^n,c_i$,seedlist)   8.当 seedlist $\neq\varnothing$ 时,循环   9.从 seedlist 中获取具有最小可达距离的样本 d_j 10.$v_j=1,p_k=j,k=k+1$ 11.如果 $N\varepsilon(d_j)\geq$ MinPts,则: 12.根据可达距离,将 $N\varepsilon(d_j)$ 中未访问的样本插入队列中,表示为 insertlist($N\varepsilon(d_j),\{v_l\}_{l=1}^n$, $\{$reachDist$\}_{l=1}^n,c_i$,seedlist)   13.各样本所属类簇的集合 **P**=$\{p_i\}_{i=1}^n$

网页 A 和网页 B 的相似度度量式为

$$\text{WP}_{\text{sim}}^{\tan}(A,B) = \frac{\omega^{\text{tag}} \cdot \text{WP}_{\text{sim}}^{\text{tag}}(A,B) + \omega^{\text{str}} \cdot \text{WP}_{\text{sim}}^{\text{str}}(A,B)}{2} \quad (4.8)$$

式中:$\text{WP}_{\text{sim}}^{\text{tag}}$、$\text{WP}_{\text{sim}}^{\text{tag}}(A,B)$ 分别为网页 HTML 标签相似度和结构相似度;ω^{tag}、ω^{str} 分别为网页 HTML 标签相似度和结构相似度的影响力权重,ω^{tag} 与 ω^{str} 相加为 2;$\text{WP}_{\text{sim}}^{\text{tag}}(A,B)$ 的结果区间为 $[0,1]$。

网页 A 和网页 B 的 HTML 标签相似度度量公式为

$$\text{WP}_{\text{sim}}^{\text{tag}} = \frac{\text{WP}_{\text{same}}^{\text{tag}}(A,B) \times 2}{nA + nB} \quad (4.9)$$

式中:$\text{WP}_{\text{same}}^{\text{tag}}(A,B)$ 为标签内容相同的节点数目;nA 和 nB 分别为两棵树的节点数;$\text{WP}_{\text{sim}}^{\text{tag}}$ 的结果区间为 $[0,1]$。

网页 A 和网页 B 的 HTML 结构相似度度量公式为

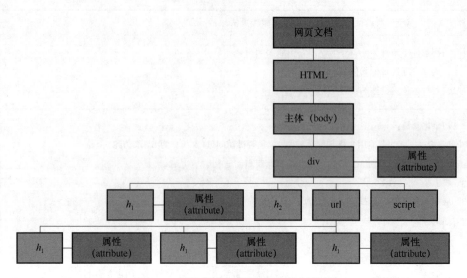

图 4.9 （见彩图）HTML 的结构树示例

$$\text{WP}_{\text{sim}}^{\text{str}}(A,B) = \frac{2 \times \text{SimTreeMatching}(A,B)}{nA + nB} \quad (4.10)$$

式中：SimTreeMatching(A,B) 为递归地逐层返回两个树在当前层的最大匹配节点，并累加每一层的返回值；$\text{WP}_{\text{sim}}^{\text{str}}(A,B)$ 的结果区间为 [0,1]。

基于网页相似度的网页距离计算公式为

$$\text{Dis}(A,B) = 1 - \text{WP}_{\text{sim}}(A,B) \quad (4.11)$$

式中：Dis(A,B) 的结果区间为 [0,1]。Dis(A,B) 越小，表示 A 和 B 越相似，在映射空间上距离越近。Dis(A,B) 用来实现基于 OPTICS 网页聚类算法的网页间距度量。

OPTICS 相关概念的定义如下：

如果一个点的半径内包含点的数量不少于最少点数，则该点为核心点。数学描述：

$$N\varepsilon(O) \geqslant \text{MinPts} \quad (4.12)$$

距离核心点第 MinPts 个近的点的距离称为核心距离。数学描述：

$$\text{coreDist}(O) = \begin{cases} \text{UNDEFINED}, N(O) \leqslant \text{MinPts} \\ \text{MinPts} - \text{th Distance in } N(O), \text{其他} \end{cases} \quad (4.13)$$

对于核心点 O,O' 到 O 的可达距离定义为 O' 到 O 的距离或者 O 的核心距离。数学描述：

$$\text{reachDist}(O',O) = \begin{cases} \text{UNDEFINED}, N(O) \leqslant \text{MinPts} \\ \max(\text{coreDist}(O), \text{Dis}(O',O)), \text{其他} \end{cases} \quad (4.14)$$

若 O 到 O' 为直接密度可达的条件是，O 为核心点，且 O 到 O' 的距离小于半径。

2. 网页标签数据最终标记与提取方法

本节设计网页标签数据最终标记方法,用于完成网页中城市数据的提取任务。图 4.10 为 A 类网页中 a 标签数据的城市数据标记和提取过程。$MST(a,A)$ 为 A 类网页 a 标签在使用城市数据识别模型时的最多相似数据的数目,M 为判断条件的预设阈值(区间为$[0,1]$),$num(A)$ 为属于 A 类网页的网页数量。在执行完方法选择条件后,若同标签中多数数据标记类型相同情况的数据数量大于 $M \times num(A)$,则将此标签中的所有数据标记为相同类型;反之,则延续初始的标记类型。最终提取出标记为城市数据的数据,完成城市数据集的构建。

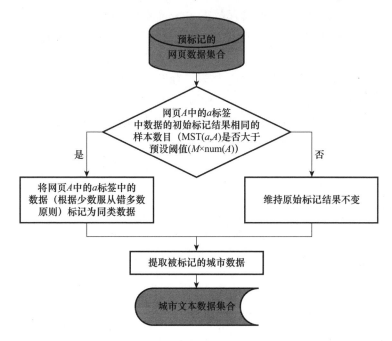

图 4.10 网页标签数据最终标记方法示意

4.3 数据获取方法分析与评估

本节将进行系列实验,通过与现有基线方法比较评估本节针对互联网泛在城市数据获取所设计的方法的价值与表现。围绕中文城市数据识别模型的性能、多数据源的网页聚类效果与性能优化和面向互联网泛在城市数据抽取效果三个方面的表现进行分析与评估。首先设计对比实验,将 BERT-WWM+BLSTM-CRF 城市文本数据识别模型与其他基线模型比较,评估所设计模型在中文城市数据识别方面是否具有优越性;然后对 EUWC 的网页数据源聚类效果和参数的优化设置进行实验与分析,验证使用网页特征和基于密度的聚类算法优化城市数据识别模型识别效果的可行性,能够很好地将同类数据源的网页进行自动化归类;最后设计实验,将SUDIR方法与其他城市数据获取方法进行对比,通过对实验结果的分析与讨论证明SUDIR在城市感知领域的互联网泛在城市数据获取环节,能够从不同互联网数据源中提取更准确、全面的城市文本数据。

4.3.1 实验设置

在实验数据集方面采用四玻森数据 Boson NLP、1998 年人民日报标注数据 RenminRiBao、MSRA 微软亚洲研究院数据和 github 社区贡献的 Chinese-ner 数据训练并评估城市文本数据识别模型。在实际生活中,机构组织名称和地理位置与城市 POI 名称和地址具有相同的含义。为了验证该方法在城市计算领域的有效性,保留了 POI 地址和 POI 名称两种城市文本实体类型,将其余数据类型统一归为其他实体类型。全部数据集采用 BIEOS 标记模式来标记数据类型。训练集、验证集和测试集的数据占比分别为 0.7、0.1 和 0.2。城市文本数据集见表 4.4。

表 4.4 城市文本数据集样本

数据集名称	句子数	实体数	POI 名称	POI 地址	其他实体
Boson NLP	2000	12427	4597	2689	5141
MSRA	46364	74703	36517	20571	17615
RenMinRiBao	163492	53242	22427	10834	19981
Chinese-ner	27818	45518	22180	12446	10892

为验证基于网页特征与 OPTICS 网页聚类算法的城市文本数据提取方法的性能,构建了用于评估互联网泛在城市文本数据获取方法在实际互联网应用中效果的网页数据集。在实验环节利用爬虫技术从互联网数据资源中针对地理信息方向抽取了 1516 条网页的 HTML 数据。通过人工标注的方式对网页 HTML 标签中的文本数据类型属性进行了标记,为获取网页的标签结构和内容信息,采用开源第三方库 BeautifulSoup 构建树结构数据。网页数据集见表 4.5。

网页数据集中的网页样本源于四个中文领域主流的互联网位置服务应用,它们的名称(网址)分别为百度地图(map.baidu)、艺龙(elong)、城市吧(city)58同城(qy.58),网页数据集见表 4.6,表中的城市数据标注类型为 POI 名称和 POI 地址。

表 4.5 网页数据集

数据类型	数目
网页类型	4
归类样本	1416
噪声样本	100
样本总数	1516

表 4.6 网页数据集

数据源	网页数目	POI 名称	POI 地址
百度地图(map.baidu)	662	1324	1324
艺龙(elong)	303	2424	3636
城市吧(city8)	102	4896	3264
58同城(qy.58)	349	13021	1796
总计	1416	21665	10020

环境搭建方面,选择 1.13.2 版本的 Tensorflow 框架在 Python3.6 环境下进行所有实验。BERT-WWM 词嵌入模型的训练数据来自开源中文维基百科语料。对预料的中文词汇分割环节,选择哈尔滨工业大学社会计算与信息检索研究中心提供的 LTP 作为文本的切词工具。词嵌入模型的实验参数设置方面,本节中使用的 BERT-WWM 模型的训练过程与 BERT 相比,除掩码策略不同,训练过程及实验参数选择完全相同。在本验证环节中,实验参数分别设置为 hidden size = 768,self-attention heads = 12,number of layers = 12,总计参数 110M。

为评估互联网泛在城市文本数据识别方法及模型的表现,采用精确率、召回率和 F1 分值作为评估指标。为区分各种方法对于城市数据识别效果是否有显著差异,采用统计显著性实验(Levene's test[174])来分析方法是否具有优势。Levene's test 用于检验两组及两组以上独立样本的方差是否相等。Levene's test 要求样本为随机样本且相互独立。通过将每种方法在不同数据集上的模型表现作为统计显著性实验的分析依据,以计算方差并通过置信度来对结果进行推断。Levene's test 通过观察精确率来判断显著性差异:精确率方差若小于或等于 0.05,则认为有统计学差异;精确率方差若大于 0.05,则认为无统计学差异。在网页聚类算法的评估方面采用正确噪声识别比和聚类精确率作为评估指标,识别比和精确率更高的实验结果证明有更好的性能表现。正确噪声识别比和聚类精确率的公式为

$$正确噪声识别比 = \frac{被正确标记为噪声样本的样本数}{全部噪声样本的样本数} \quad (4.15)$$

$$聚类精确率 = \frac{被正确聚类的样本数}{全部样本数} \quad (4.16)$$

4.3.2 城市数据识别性能评估

为验证城市文本数据识别模型的性能,设计对比实验。在嵌入方法比较方面,将 Mikolov 提出的 Word2vec 算法中的 Skip-gram 和 BERT 作为 BERT-WWM 嵌入模型的对比方法,词嵌入维度为 300[106]。序列标注效果比较方面,将 HMM、CRF、IDCNN-CRF、BLSTM-CRF 作为 BERT-WWM+BLSTM-CRF 的基线模型,实验结果见表 4.7~表 4.10。

表 4.7 Chinese-ner 数据集实验结果

模型	POI 名称			POI 地址			其他		
	精确率/%	召回率/%	F1 分值/%	精确率/%	召回率/%	F1 分值/%	精确率/%	召回率/%	F1 分值/%
Word2vec+HMM	67.06	63.40	65.18	50.19	49.06	49.62	73.39	71.62	72.50
Word2vec+CRF	89.89	77.91	83.47	81.70	67.60	73.97	88.89	67.87	76.97
Word2vec+IDCNN-CRF	89.17	92.48	90.79	88.70	79.41	83.80	92.64	91.09	91.86
Word2vec+BLSTM-CRF	91.72	92.07	91.90	83.41	86.32	84.84	94.66	92.33	93.48
BERT+BLSTM-CRF	92.06	93.36	92.70	84.34	88.04	86.15	96.11	96.32	96.21
BERT-WWM+BLSTM-CRF	**93.04**	**94.02**	**93.53**	**84.61**	**89.10**	**86.79**	**97.30**	**95.99**	**96.64**

表 4.8 RenMinRibao 数据集实验结果

模型	POI 名称			POI 地址			其他		
	精确率/%	召回率/%	F1 分值/%	精确率/%	召回率/%	F1 分值/%	精确率/%	召回率/%	F1 分值/%
Word2vec+HMM	66.17	69.97	68.02	48.14	62.12	54.24	77.30	74.15	75.69
Word2vec+CRF	89.00	83.52	86.17	84.57	77.39	80.82	93.78	81.80	87.38
Word2vec+IDCNN-CRF	91.23	91.29	91.26	87.75	87.09	87.42	94.33	93.88	94.10
Word2vec+BLSTM-CRF	92.49	92.84	92.66	90.36	91.71	91.03	95.48	95.07	95.27
BERT+BLSTM-CRF	93.12	94.23	93.67	92.13	92.41	92.27	96.24	96.35	96.29
BERT-WWM+BLSTM-CRF	**93.89**	**95.34**	**94.61**	**94.77**	**94.03**	**94.40**	**97.13**	**97.03**	**97.08**

表 4.9 MSRA 数据集实验结果

模型	POI 名称			POI 地址			其他		
	精确率/%	召回率/%	F1 分值/%	精确率/%	召回率/%	F1 分值/%	精确率/%	召回率/%	F1 分值/%
Word2vec+HMM	53.75	49.93	51.77	68.10	60.04	63.82	56.29	54.73	55.50
Word2vec+CRF	86.13	72.34	78.64	89.08	69.55	78.11	87.08	68.39	76.61
Word2vec+IDCNN-CRF	84.51	82.06	83.27	83.15	77..72	80.34	87.40	81.12	84.15
Word2vec+BLSTM-CRF	84.77	81.30	83.00	82.61	78.06	80.27	86.97	81.84	84.33
BERT+BLSTM-CRF	86.34	83.96	85.13	84.24	80.23	82.19	88.23	84.32	86.23
BERT-WWM+BLSTM-CRF	**88.77**	**83.76**	**86.19**	**85.54**	**82.97**	**84.24**	**91.72**	**85.29**	**87.89**

表 4.10 Boson NLP 数据集实验结果

模型	POI 名称			POI 地址			其他		
	精确率/%	召回率/%	F1 分值/%	精确率/%	召回率/%	F1 分值/%	精确率/%	召回率/%	F1 分值/%
Word2vec+HMM	36.07	41.59	38.64	36.87	35.58	36.21	58.22	61.13	59.64
Word2vec+CRF	66.79	54.13	59.80	46.42	54.41	50.10	68.06	65.55	66.79
Word2vec+IDCNN-CRF	71.56	70.60	71.07	58.38	61.77	60.03	80.58	73.98	77.13
Word2vec+BLSTM-CRF	70.13	71.49	70.81	54.03	61.47	57.51	81.98	73.32	77.41
BERT+BLSTM-CRF	74.32	73.45	73.88	60.32	61.23	60.77	84.35	74.89	79.34
BERT-WWM+BLSTM-CRF	**73.97**	**75.78**	**74.86**	**65.31**	**63.12**	**64.20**	**85.31**	**77.32**	**81.12**

通过实验结果发现,采用 BERT-WWM 与 BLSTM-CRF 的方法构建的城市文本数据识别模型的整体性能(精确率、召回率和 F1 分值)优于其他基线方法。这表明基于深度学习的城市文本数据识别模型对 POI 名称和 POI 地址等城市文本数据的实体识别是有效的。从具体模型的实验表现来看,基于统计学习的 HMM 和 CRF 模型性能与基于深度学习的模型差距明显。CRF 模型的性能优于 HMM 模型,因为 CRF 没有 HMM 的严格独立性假设,它可以容纳任何特定信息,并且 CRF 计算最大输出变量的条件概率。这证明了选择 CRF 模型作为城市数据识别模型的预测层具有更高的预测准确率。关于用于特征提取的编码层的深度学习方法的选择,通过实验发现,BLSTM-CRF 的性能略高于 IDCNN-CRF。在不考虑计算资源的情况下,实现更好的模型表现,使用 BLSTM-CRF 是合理的。因此,将

BLSTM-CRF作为基础模型。在词嵌入向量预构建方法方面,通过实验结果发现BERT的词向量预训练方法优于Word2vec方法,表明BERT能够更好地表示文本的特征。通过比较BERT-WWM和BERT对模型性能的影响发现,基于BERT-WWM嵌入模型的模型具有更好的性能表现,这验证了BERT-WWM模型通过全词掩码策略能够提升整体模型性能,表明该策略在中文自然语言处理序列标注任务中的积极作用。

另外,由不同数据集的模型实验结果发现,采用BOSON NLP数据集各个模型效果均没有达到理想状态,原因为BOSON NLP数据集样本较少。该实验结果表明,实体识别模型需要的训练数据量应达到一定标准。本实验主要是验证城市数据识别方法的有效性,因此没有对训练数据量标准的参数选择进一步实验。

为进一步了解不同模型对城市数据识别效果的统计显著性,分别进行了三组显著性检验,变量为不同种类的模型方法和数据识别效果的F1分值。假设内容和精确率的实验结果如表4.11所列。

表4.11 Levene 显著性实验结果

假设内容	精确率	显著性差异
基于统计学习方法的模型的识别效果相近	0.4475	否
基于深度学习方法的模型的识别效果相近	0.9863	否
全部模型的识别效果相近	1.265×10^{-8}	是

由表4.11可见:基于统计学习方法的模型之间的性能没有显著性差异,基于深度学习方法的模型之间的性能没有显著性差异;基于深度学习的模型与基于核函数模型相比,在城市数据识别任务中具有显著性差异,且基于深度学习的模型性能更好。这证明基于深度学习的方法对城市文本数据识别的综合表现(F1分值)要优于基于统计学习方法的模型,表明基于深度学习构建城市文本数据识别模型具有更好的性能。

4.3.3 EUWC参数优化实验

为观察不同聚类算法对EUWC的影响,通过设计对比实验比较OPTICS和DBSCAN的适用性。为使聚类算法能够受到噪声数据的影响,将MinPts参数设定为15,并将EUWC方法中的参数ω^{tag}和ω^{str}设定为1。DBSACN网页聚类算法的特点是需要确定预设簇类间距ε和类簇密度的最低阈值MinPts,该参数的设置直接影响算法的网页聚类效果:若MinPts数值过大,则无法实现类簇细化;若数值过小,则会生成过多无效簇类。ε 值决定簇类间的相似性,若 ε 过大会导致同类簇中的数据差别过大。OPTICS 的主要目的是提高输入参数的灵敏度。OPTICS 和 DBSCAN 具有相同的输入参数 ε 和 MinPts。尽管 OPTICS 算法还需要两个输入参数,但是该算法对 ε 输入不敏感,通过生成不同的决策图来观察聚类效果。为了能够更好地观察网页聚类效果,把网页数据集中的网页根据网页标签相似度和网页结构相似度映射到二维空间中,并将所有样本在二维空间中的聚类结果进行可视化展示。图 4.11 为 DBSCAN 和 OPTICS 算法在不同参数设置时网页样本的可视化聚类效果,结合表 4.12 能够观察到两种算法的网页聚类性能。

表 4.12 体现了不同参数对两种网页聚类算法的影响,通过观察正确噪声识别比和聚类准确率评估网页聚类方法。

表 4.12 不同 ε 对网页聚类算法的影响

ε 值	DBSCAN		OPTICS	
	正确噪声识别比/%	聚类准确率/%	正确噪声识别比/%	聚类准确率/%
0.15	13	62.66	48	96.61
0.1	39	94.91	63	97.58
0.08	65	97.69	69	97.95
0.06	73	98.21	75	98.34
0.04	96	99.74	96	99.74
0.02	**100**	**100**	**100**	**100**
0.01	100	100	100	100

根据图 4.11 和表 4.12 中的实验结果可以发现,当 ε = 0.15 时,DBSCAN 引入了最多的噪声数据(正确噪声识别比为 13%),并且聚类准确率(62.66%)低于 OPTICS 算法的聚类准确率(96.61%)。随着 ε 的优化,DBSCAN 与 OPTICS 聚类效果得到了改善,并且在本实验环境中均能够达到最优聚类效果(ε = 0.02)。这表明 OPTICS 在网页聚类表现方面相较 DBSCAN 具有更好的聚类性能,这是因为 OPTICS 有效缓解了 DBSCAN 对参数敏感的局限性。这证明了基于 OPTICS 的网页聚类算法在优化 ε 参数后能够提升聚类效果,也验证了结合网页特征和密度聚类的无监督分类的可行性和有效性。通过实验结果发现,当参数进行逐步优化时,两种算法均能达到最优聚类结果,这是因为实验数据无法完全模拟复杂的互联网数据资源中的网页数据。实验结果面对复杂的互联网网页数据资源情况,未来将进一步讨论更好的无监督分类方法。

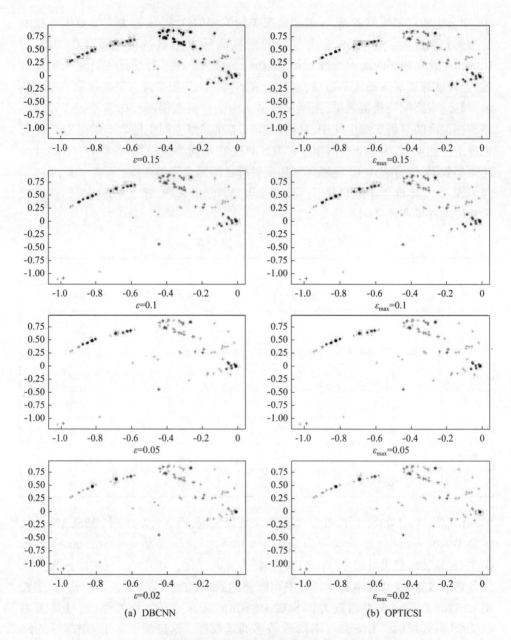

图 4.11 （见彩图）不同参数时聚类算法的网页聚类效果

网页中数据的标记方法的选择条件，其大小会影响数据的最终标记结果。通过设计实验，将不同阈值 M 对网页中城市数据识别性能的影响进行了比较，实验结果见表 4.13。

表 4.13　不同阈值参数 M 下数据获取方法的性能表现

相同网页标签占比阈值	POI 名称			POI 地址		
	精确率/%	召回率/%	F1 分值/%	精确率/%	召回率/%	F1 分值/%
0.6	89.51	93.02	91.23	92.31	95.48	93.87
0.7	89.73	95.32	92.44	92.38	96.22	94.57
0.8	89.89	96.55	93.10	92.55	98.67	95.51
0.9	**90.18**	**98.36**	**93.60**	**92.78**	**99.32**	**95.94**
1.0	89.43	91.70	90.55	92.31	93.54	92.92

结果表明,当阈值 M 选取合理时,能够提升城市数据标记的精确率、召回率和 F1 分值。其中精确率指标提升较小,而召回率提升很大,这是因为将网页聚类的数据提取方法引入后,能够将识别错误的 FN 样本进行纠正转化为 TP。实验结果说明在当前实验环境下阈值设定 0.9 最好,POI 的名称和 POI 地址的 F1 分值分别达到说明 93.60% 和 95.94%。实验中的参数设定与实验条件相关,在实际互联网应用中可采用智能群算法来更加高效与便捷地获取最优参数。

4.3.4　互联网泛在城市数据抽取性能评估

本节通过设计一个实验来评估 SUDIR 方法获取实际场景中的互联网泛在城市文本数据的性能。SUDIR 的参数设置:$\varepsilon = 0.02, MinPts = 15, M = 0.9$。

表 4.14 为不同城市数据提取模型的实验评价结果。在与基线模型的对比方面,POI 的名称和地址识别在精确率、召回率和 F1 分值达到了最高。此外,levene's test 用于判断 SUDIR 与 BERT+BLSTM-CRF 对城市数据感知效果的显著性差异。P-value 的值为 0.0146,精确率小于 0.05,表明两者具有统计学差异。结果表明,SUDIR 的设计结构具有良好的合理性和有效性。实验证明,在城市感知任务中将 NER 模型与网页特征学习算法结合可以取得更好的效果。表 4.15 为城市文本数据应用示例。

由表 4.15 可以看出,BERT-WWM+BLSTM-CRF 模型成功识别了同一数据源的前三条网页 HTML 文本中的 POI 名称,最后一条网页 HTML 文本中的 POI 名称数据识别失败。"左右眼睛"是一条语义模糊的短文本,因此城市数据识别模型没能直接正确识别。在示例中可以发现,SUDIR 方法成功标记并提取了在同一类簇(同一数据源)网页中的 <span title = " POI 名称" class = " clampword generalHead-titlename" >POI 名称 </span>标签存在 POI 名称数据。将城市数据识别模型结合

79

EUWC后,能够使SUDIR具有更好的城市数据识别效果。表4.14和表4.15证明了本节设计的SUDIR方法使被获取的数据更加全面,提高了互联网数据资源中的城市数据感知效果。

表4.14 城市数据提取方法对比实验

模型类别	POI 名称			POI 地址		
	精确率/%	召回率/%	F1分值/%	精确率/%	召回率/%	F1分值/%
Word2vec+HMM	62.53	51.23	56.32	65.97	60.34	63.03
Word2vec+CRF	79.13	72.34	75.58	81.08	69.23	74.69
Word2vec+IDCNN-CRF	85.51	86.66	86.08	86.15	87.72	86.93
Word2vec+BLSTM-CRF	85.77	86.53	86.15	87.85	88.06	87.95
BERT+BLSTM-CRF	88.64	88.96	88.80	90.74	92.90	91.81
BERT-WWM+BLSTM-CRF	89.43	91.70	90.55	92.31	93.54	92.92
SUDIR	**90.18**	**98.36**	**93.60**	**92.78**	**99.32**	**95.94**

表4.15 城市文本数据提取方法应用示例

网页 HTML 文本	城市数据	识别模型的输出结果	引入EUWC的输出结果
···<span title="员工餐厅" class="clamp word general Head-title name">员工餐厅</span>···	员工餐厅 (POI名称)	员工餐厅 (POI名称)	员工餐厅 (**POI名称**)
···<span title="九段烧(磐石路店)" class="clamp word general Head-title name">九段烧(磐石路店)</span>···	九段烧 (磐石路店) (POI名称)	九段烧 (磐石路店) (POI名称)	九段烧 (磐石路店) (**POI名称**)
···<span title="Free Bar 酒吧" class="clamp word general Head-title name">Free Bar 酒吧</span>···	Free Bar 酒吧 (POI名称)	Free Bar 酒吧 (POI名称)	Free Bar 酒吧 (**POI名称**)
···<span title="左右眼睛" class="clamp word general Head-title name">左右眼睛</span>···	左右眼睛 (POI名称)	无标记	左右眼睛 (**POI名称**)

4.4 本章小结

针对互联网泛在城市数据获取,本章设计基于深度学习的互联网泛在城市文本数据获取方法,用以抽取并收集城市文本数据,尤其是中文互联网应用场景的城市感知条件,为实现全面、准确的中文城市文本数据集合提供方法借鉴。首先对互联网泛在中文城市文本数据抽取与收集关键问题从问题解析、解决思路和相关技术基础三个方面进行了阐释。然后详细介绍本章设计的互联网泛在中文城市文本数据抽取方法,该方法主要包含两部分:一是面对中文语义信息表示困难、传统方法隐含特征提取效果有待提高的现状。设计一种基于整词掩码策略的词嵌入和深度学习技术的中文城市数据识别模型。该模型采用引入中文分词概念的词嵌入预训练模型 BERT-WWM 和结合条件随机场与双向长短期记忆网络的序列标记模型 BLSTM-CRF 的技术架构。该识别模型可实现准确识别并标记文本中的城市数据类型。二是面向互联网泛在城市数据蕴含样式的特殊性设计一种基于网页特征和 Web 聚类算法的城市文本数据提取方法 EUWC。EUWC 用于纠正互联网资源中由城市数据识别模型错误判别的假阴性样本,实现从多源 Web 资源中更准确、更全面地感知城市数据。最后通过多角度的实验分析验证了本章方法能够构建更加全面、准确的城市文本数据集合,更好地满足感知范围广、数据专业有效的城市数据获取任务需求。此外,除基本的计算资源成本和预构建的位置服务数据资源,利用本章工作获取城市文本数据的过程节约了人工成本和硬件传感器成本,体现了本工作在城市感知方法研究和技术实现方面的价值。

第5章
低质城市数据整合与处理技术

本章针对多源位置服务数据分布不均匀、信息缺失的现象,实现多源城市数据整合与处理技术。本章介绍内容主要分为两个方面:一方面,设计基于短文本扩展的 POI 城市功能信息补全方法,将已知的 POI 名称文本作为基础信息,通过文本扩展与分类计算实现 POI 城市功能类型的判别,用以补全 POI 信息;另一方面,设计基于实体对齐的多源位置服务数据整合方法,面对单一位置服务应用存在的数据分布不均匀的情况,通过基于多属性度量的 POI 实体对齐并设计多源位置服务数据整合用以构建全面、客观的位置服务信息。分别对本章的两项工作设计方法性能评价实验,通过分析实验结果评估它们在 POI 信息补全和多源位置服务数据整合的性能表现。实验结果表明:基于短文本扩展的 POI 城市功能信息补全方法能够自动化地补全 POI 信息。基于实体对齐的多源位置服务数据整合方法能够过滤多源位置服务应用中的重复数据,整合多源数据,提升位置服务数据质量,为城市数据的管理和处理环节做出贡献,实现信息更加全面、内容更加准确的位置服务数据集合的构建。

5.1 关键问题阐释

5.1.1 问题解析

互联网资源中的多源位置服务应用具有复杂、多样的特点,其内在的数据及信息存在重复、缺失、错误和分布不均匀的情况。如何实现对低质、冗余的多源互联网位置服务数据资源的高效处理,获得更加准确、全面、专业和客观的高质量数据资源十分重要。本节针对低质城市数据整合与处理环节的信息补全和数据整合两个关键问题,围绕高质量的位置服务数据构建给出技术方案。具体问题如下:

(1) 如何利用已有数据条件和先验知识,补全位置服务信息。在位置服务应用中,由于POI信息的频繁更新和人工构建信息资源不可避免的工作疏忽,POI实体的位置服务信息存在错误信息和信息遗漏的情况。为了避免上述问题,对缺失信息进行信息补全,能够为用户提供更准确和全面的专业位置服务。

POI的名称通常包含与其功能类型相关的特征词,例如,"国际商业经济大学俄语语言文化中心"的功能类型是"教育学校","佳龙阳光酒店朝阳店电动汽车充电站"的功能类型是"汽车和加油站",这表明POI的名称文本包含关于其功能类型的隐藏信息。根据这一发现,如何利用已知的名称文本数据补全该POI实体的城市功能信息,实现数据质量提升,具有重要的研究价值。

POI名称文本蕴含补全其城市功能信息的隐含特征,但其存在样本长度短、特征稀疏的问题。在实验环节,根据互联网数据资源中公开的北京市POI数据集统计了133116条POI名称文本,其字符数统计结果如图5.1所示。从图中折线可知,POI名称字符数为1~20,且较符合正态分布曲线,POI名称字数普遍为6~15个字,字符数的稀少证明POI名称文本属于短文本范畴。在短文本数据条件下,由于特征稀疏,沿用常规自然语言处理方法根据POI名称文本输入判别其城市功能的准确率将会降低,难以保证性能的优越性。此外,在互联网数据资源中,习惯用语、缩略词、新鲜词和不规范词更加常见,这需要短文本的特征表示有更好的表现。

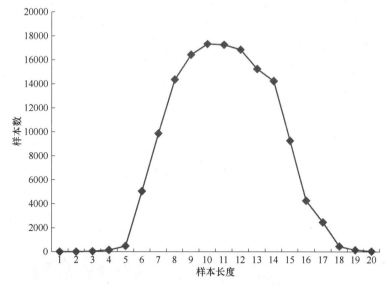

图5.1 POI名称文本样本长度分布曲线

(2)如何有效地整合互联网应用中分布不均匀的多源位置服务数据。在互联网场景中,不同位置服务应用对同一POI实体的描述信息并不完全相同,多源位置服务数据存在分布不均匀的现象。表5.1为不同互联网地图类应用(百度地图、高德地图和腾讯地图)中同一POI实体(小油饼老菜坊)的位置服务数据示例。可以发现,不同应用对同一POI实体的位置服务数据属性、内容(如POI名称、POI地址、功能类型、评分和联系电话等)不完全相同,并且存在信息偏差、数据缺失的现象,进而影响用户对该POI的客观理解和判断。

表5.1 同一POI实体在不同应用软件下的位置服务数据示例

应用	POI名称	POI地址	功能类型	评分	联系电话
百度地图	小油饼老菜坊(幸福街店)	长春市南关区幸福街1082号	饺子馆	3.8	0431-81928987
高德地图	小油饼老菜坊(旗舰店)	长春市南关区幸福街1082号(幸福嘉园对面)	中餐	4.0	0431-81928987
腾讯地图	小油饼老菜坊(旗舰店)	幸福街1082号	美食,中餐,东北菜	3.5	无

图5.2~图5.4为不同位置服务地图类应用(腾讯地图(QQ Map)、高德地图(Amap)、百度地图(Baidu Map))中搜索长春理工大学实训楼这一POI实体的返回结果,其中图5.2和图5.3能够返回目标结果,但图5.4并未返回用户需求的位置服务信息。表5.1和图5.2~图5.4中的现象表明,位置服务应用更新频率不同,在某时间段的部分互联网位置服务应用会存在位置服务数据缺失的现象,导致用户在检索位置服务信息时无法直接获取有效信息而影响用户的信息查询和位置服务,进而影响位置服务应用的实际服务效果。利用现有技术,结合互联网应用特点,实现多源位置服务数据的整合能够帮助人们获取更加客观、全面的位置服务信息。

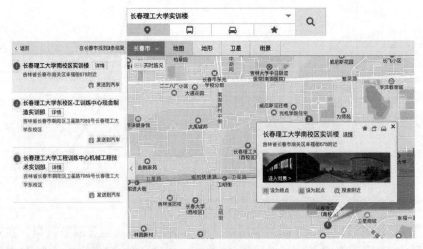

图5.2 腾讯地图检索长春理工大学实训楼的返回结果(可返回目标结果)

图 5.3　高德地图检索长春理工大学实训楼的返回结果(可返回目标结果)

图 5.4　百度地图检索长春理工大学实训楼的返回结果(未返回目标结果)

5.1.2　解决思路

1. POI 城市功能信息补全

在中文语言环境下人们进行情感交流与理解意图时,往往会根据实际环境与主观因素实现对语义信息的理解。当面对文本内容实现语义理解时,语音信息完全相同的两句话,不同字符包含不同语义信息会产生不同的语义理解。例如:"他是我最喜欢的人""她是我最喜欢的人"。当拥有中文语言背景的人看到第一句的

"他"时,能够理解第一句话的主语喜欢上的是一位男性。而读到第二句的"她"时,能够理解第二句话的主语喜欢上的是一位女性。通过对个人知识库进行实际信息的理解,能更清楚地明白句子含义从而判别"ta"的类别。上述例子说明,引入外部知识能够帮助人们更好的实现语义理解。

本方案采用文本扩展的方式来丰富输入的 POI 名称文本的语义信息。针对 POI 名称文本特征稀疏、字符数少等特点,设计了一种基于特征扩展的 POI 城市功能信息矫正及补全方法,将特征扩展后的 POI 名称信息通过构建好的分类模型实现 POI 城市功能信息自动分类以补全缺失信息。

针对 POI 名称文本的短文本特性,采用基于搜索引擎的特征扩展方法。通过互联网数据资源实时更新的特点,设计搜索引擎与 SiteQ 改进段落检索算法的文本扩展方法。将搜索引擎作为扩展文本的外部知识资源,获取其返回的用于扩展 POI 名称文本的候选文档集合。为减少候选文档集合中的噪声数据并保留信息相关度大的段落文本,基于 SiteQ 段落检索算法以对候选文档集合中的段落进行筛选,通过计算全部段落与待扩展 POI 名称文本的相关度,将所有段落按照内容相关度排序,选取相关度较高的段落作为扩展文本,实现对 POI 名称文本的特征扩展。

在 POI 城市功能自动判别模型的构建方面,设计引入注意力机制的深度神经网络分类模型。

为评价方法性能,采用公开的北京 POI 数据集,通过基线方法对比实验观察基于短文本扩展的 POI 城市功能信息补全方法的效果。

2. 多源位置服务数据整合

针对多源位置服务应用中数据存在的分布不均匀、实体信息不全面导致用于理解位置服务信息客观性和全面性不足的现象,设计一种基于实体对齐的多源位置服务数据整合方法。该方法通过匹配不同位置服务应用中的 POI 实体,并结合适用于不同数据类型的数据整合策略,实现全面、客观且准确的位置服务数据整合。

针对不同位置服务应用中的实体匹配部分,为保证实体匹配的准确性,基于 POI 实体的多属性信息(地理信息、文本内容信息和语义信息),结合不同的度量方法计算候选实体对的每个属性的相似性。另外,考虑对计算效率的需求,使用粒子群优化算法训练模型并优化多属性相似度度量的权重。

针对如何利用实体匹配结果,完成位置服务数据的整合,对两类数据设计了文本类型数据的整合策略和评分类型数据的整合策略。

为评价方法的性能,从中文互联网位置服务应用(百度地图、高德地图和腾讯地图)中收集真实数据,并利用其验证基于实体对齐的位置服务数据整合方法的有效性。

5.1.3 相关技术基础

在POI城市功能信息补全方法设计方面,首先介绍并分析短文本扩展的主流方法,选择适用于POI文本特点的短文本特征扩展方法,以搜索引擎作为特征扩展外部知识库,并讨论其优势与不足。然后介绍用于从候选文本资源中检索到相关度较高段落的文本查询算法,用以提升信息补全方法的输入特征质量。最后,在多源位置服务数据整合方法设计方面介绍了多属性度量方法的相关概念和技术,利用POI实体蕴含许多位置服务信息和不同的自身属性的特点将多属性度量方法应用于实体对齐方法设计中。

1. 短文本扩展

POI名称文本属于短文本范畴。短文本数据条件下的自然语言处理任务(如短文翻译、内容扩展、文本分类等)的解决,存在字符数稀少、特征不易表示与提取的难点。为解决上述问题,研究并提出许多短文本特征扩展技术,目前短文本的特征扩展技术主要依赖外部知识库、主题推理。另外,近年来基于搜索引擎的文本扩展方法开始逐渐引起关注。关注内容如下:

(1)基于外部知识库的文本扩展方法。基于外部知识库的文本扩展方法依赖的外部语料知识库不相同,对短文本进行扩展时操作处理的方法也存在差异。例如,将层级处理分为按照词法分析、语法分析和语义分析等。按照词法分析的算法在外部语料知识库中进行词语的查询及检索,并通过词语的WIKI链接及词语所在上下文的关联度等方式得到更多的相关特征。按照语法分析的算法通过进行短文本的依存关系分析来得到不同层级粒度的文本特征。Hu等基于语言语法结构知识构建语法树,从三种文本尺度实现短文本特征的扩充操作[175]。按照语义分析的算法通过利用外部语料知识库中的概念和语义关系等对字与字、词汇与词汇、段落与段落之间的语义关联度进行计算。王盛等在短文本特征扩展方法设计中引入了将外部知识库中的概念结合上下文词汇的位置关系[176]。Jin等提出了一种基于频繁项特征扩展的短文本分类方法[177]。Wang等利用深度学习和外部语义知识库结合的方式实现短文本的扩展与分类[178]。

基于外部知识库的短文本扩展方法基本框架如图5.5所示。

(2)基于主题模型的文本扩展方法。主题模型算法属于概率图模型算法体系中的生成模型算法。部分文本扩展方法采用主题模型算法来对语义建模。隐含狄利克雷分布(Latent Dirichlet Allocation,LDA)主题模型是使用最广泛的基于主题推理的文本扩展方法,其算法话题的概率分布可根据文本自动学习生成。不同的基于主题模型算法的短文本特征扩展方法的差异性主要体现在模型训练语料的不同以及话题粒度上的选择等,算法通过自动学习文本中的有关话题,结合文本中原来

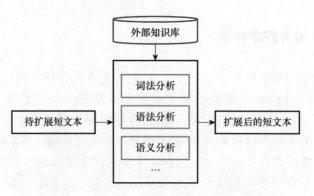

图 5.5　基于外部知识库的短文本扩展方法基本框架

的特征项并用于接下来的处理工作。例如,Zhang 等利用 N-Gram 模型并结合深度学习实现短文本特征扩展[179]。Vo 等使用多样的预料资源来构建不同的主题模型以丰富文本特征[180]。Sun 等设计结合 LDA 主题模型算法和 word2vec 嵌入的方法来实现短文本特征扩展并用于中文分类[181]。主题模型作为无监督学习模型,具有对领域知识需求度低的优势,但是在具体领域无法与结合相关知识的有监督模型相比。

(3)基于搜索引擎的文本扩展方法。基于搜索引擎的文本扩展方法的主要策略是利用搜索引擎检索得到的蕴含有价值信息及噪声信息的数据资源,过滤并整合有效信息来获取可用于特征扩展的文本段落,然后将其用于短文本的特征扩展。Meng 等在短文本分类任务的研究工作中提出了一种利用互联网数据资源的扩展方式,首先采用互联网搜索引擎检索目标文本,然后将返回结果中抽取部分文本数据构建领域"知识",通过增加领域"知识"使短文本得到了一定程度上的扩展[182]。Li 等利用 Wikipedia 识别短文本中提到的概念,然后将维基相关性和短文本消息的概念扩展到特征向量表示用于实现短文本分类[183]。

此类方法将更多的工作移交给搜索引擎背后的互联网数据资源,由于网络信息存在实时性,扩展文本也随着互联网的更新而改变,这种情况可以有效地对文本扩展信息进行更新,用于自然语言处理的下游任务之中,如图 5.6 所示。同时,基于搜索引擎的短文本扩展方法需要高质量的文本信息的筛选与过滤,从而实现高质量的短文本特征扩展。

将基于外部知识库和基于主题模型的文本扩展方法直接应用于互联网位置服务应用条件下的 POI 城市功能信息分类模型构建存在一定局限性。POI 信息除自身的文本特征信息,还具有现实地理空间实时性、城市计算领域知识特殊性。因此,直接沿用信息查询和构建领域知识库的方式,需要高的人工成本及时更新维护,以保证知识库的规模与专业性。基于以上原因,在 POI 城市功能信息补全方

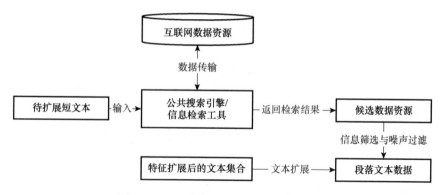

图 5.6 基于搜索引擎的短文本扩展方法

法的短文本扩展环节中采用基于搜索引擎的文本特征扩展方法。通过使用搜索引擎平台对查询语句进行检索,获取返回的网络文本信息,并对返回的文本信息进行筛选、整理用于POI名称文本的扩展,实现输入特征的丰富表示。

2. 段落检索算法

基于搜索引擎得到的返回文档中往往含有较大的噪声及无关信息,在文本扩展的同时引入相对驳杂的特征信息。针对此类现象,如何从搜索引擎返回的候选文档中提取与目标短文本的主题相关度大的段落文本,需要段落检索算法发挥效用。段落检索算法能够通过对文本集合进行段落切分、筛选来发现与主题相关度高的段落文本集合。主题相关度作为信息检索领域中文本排序的重要参考依据,衡量了查询语句与搜索引擎中网页文本之间的相关程度,与查询语句相关度较高的网页文本,有更高的概率成为短文本的扩展文本。由于互联网含有海量的信息,为了减少系统的工作量,提高工作效率,搜索引擎中检索的相关性基本都较为浅层,一般只停留在字词表面的相似度上,而极少利用文本处理技术或语义相关的检索技术对检索到的文本进行有效的排序。因为搜索引擎对查询语句进行检索时返回的网页文本集合数量过大,内容存在噪声信息,所以需要对搜索引擎检索得到的网页文本进行再次检索。使用文本中更深层次的语义信息及语法规则筛选出与查询语句相似度更高的文本作为扩展文本进行文本分类,这种方法叫作段落检索算法。

段落检索算法先将候选文档集合中的每个文档切分成段落集合,再将段落集合中的每个段落与查询语句做相似度计算,通过得到的计算结果对段落集合的中所有段落进行排序,并选取较为靠前的段落形成与查询语句相关度较高的段落集合作为短文本扩展的最终扩展文本,主要步骤如图 5.7 所示。

在段落检索过程中时,候选文档集合的样本数目过少会导致与查询语句主题相关的段落未被获取的情况,搜索引擎返回的文档集合数目过多会存在与查询语句主题无关的段落被返回的情况,这两种情况均会导致NLP模型的性能降低。基于上述原因,段落检索算法对解决自然语言处理任务的各类模型的性能提升有着

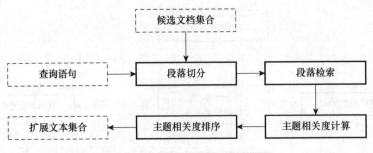

图 5.7 信息检索算法示意

积极作用。当前常用的段落检索算法如下：

（1）基于词频统计的段落检索算法：通过统计候选段落与查询语句中含有相同词语的数量对段落相似度进行计算。这种算法仅依靠词频作为特征来计算段落相似度，易于理解且操作简单，但在实际应用场景中的性能表现相对不好。

（2）基于语言模型的段落检索算法：此算法由 Ponte 等提出[184]，此类段落检索算法通过将语言模型技术和文档检索技术相融合来计算候选文档和查询语句之间的段落相似度。

（3）基于查询词密度的段落检索算法：通过统计查询语句包含词汇在段落中出现的密度值来计算段落与查询语句的相似度。相比基于词频统计的段落检索算法，这种算法在性能上表现更好。但由于计算量的增加，需要的算力也更多。基于查询词密度的段落检索算法中，较为常用的算法有 IBM 算法[185]、SiteQ 算法[186]和 MultiText 算法[187]。这些算法虽然在实现的过程中有很大的区别，但均包含了需统计查询语句与候选段落之间的相同词汇个数，以及计算了查询语句包含词汇在段落上下文中的距离。

SiteQ 算法通过计算查询语句词汇在段落中出现的次数，以及查询语句词汇在段落中彼此之间的距离来计算段落相关度，利用段落相关度对候选段落进行排序，权值高的段落含有与查询语句相关内容的可能性也越高。

SiteQ 段落检索算法对每个段落相关性评分的计算公式如下：

$$\text{Score} = \text{Score}_1 + \text{Score}_2 \tag{5.1}$$

式中：Score_1 为查询语句与段落句子中同时出现的词语的权值的总和，即

$$\text{Score}_1 = \sum_i \text{wgt}(\text{qw}_i) \tag{5.2}$$

式中：qw_i 为查询语句和段落句子中同时出现的词语；$\text{wgt}(\text{qw}_i)$ 为这个词语的权重，如果这个词语在段落句子中出现两次以上，那么这两处词语的权值相同。由于查询语句为 POI 名称文本，存在一些词汇对文本分类产生较大影响，Score_1 在计算时对不同词性的词汇赋予不同的权值，相较于动词、形容词、副词等词汇，名词和专有名词等享有更高的权值，如词语"商场"的权值高于词语"美丽"的权值等。此

外,算法对段落检索时通过词义匹配返回的段落中的词汇给予的权值也较低,该方法在对段落进行检索时可以解决返回段落与查询语句出入较大的问题。段落检索得到的句子与查询语句中相同的词语数量越多,$Score_1$ 的值越大。

$Score_2$ 根据段落句子与查询语句中同时出现的词汇的位置和距离作为评价依据,计算公式如下:

$$Score_2 = \sum_i \frac{\sum_{k=1}^{j=1} \frac{\text{wgt}(dw_j) + \text{wgt}(dw_{j+1})}{\alpha \cdot \text{dist}(j,j+1)}}{k-1} \cdot \text{match}_{cnt} \quad (5.3)$$

式中:$\text{wgt}(dw_j)$ 为查询语句中词汇 j 出现在段落文本中时所被赋予的权重;$\text{dist}(j,j+1)$ 为段落中两个词语 j 与 $j+1$ 之间的距离;α 为距离系数;match_{cnt} 为查询语句中词汇在段落句子中出现的次数。

$Score_2$ 对同时出现在段落句子中和查询语句中的词汇的距离进行权值的赋予,当同时出现的词汇在查询语句中距离较近时,$Score_2$ 计算得到的结果较高,反之,$Score_2$ 计算后的结果较低。如式(5.1)所示,通过对 $Score_1$ 和 $Score_2$ 进行求和的方式计算出最终的段落语义相关度评分。

SiteQ 算法虽然在段落检索过程中表现效果较好,但仍存在一些不足之处,例如:SiteQ 算法在对段落相似度进行计算时仅考虑了查询语句中包含词汇是否在候选段落中存在,而忽略了词与词之间的语义关系和词与词在上下文中的位置。在考虑查询语句词汇与段落相似度的时候,仅通过浅层的语法关系进行判断,而忽略了查询语词汇在段落中的先后顺序和距离等要素,同时还存在对不同长度段落在包含相同查询语句词汇的情况下含有噪声比例不同的问题。这些缺点都将使分类结果产生偏差。

3. 多属性度量

近年来,许多工作采用属性度量方法来解决实体对齐任务,通过计算实体属性的相似度实现不同数据源中的实体信息整合。Santos 等利用监督学习来组合不同字符串的相似性,以解决地理信息科学涉及的地名匹配(geographical information sciences involve toponym matching)问题,同时发现调整相似度的度量权重对模型结果的影响非常重要[188]。然而 POI 数据与纯文本数据不同,其既包含蕴含语义信息的纯文本数据,又具有描述 POI 实体在地理空间信息的位置数据。如何将 POI 数据存在的各类信息更丰富地表达 POI 实体以服务于实体对齐任务是一个关键问题。

Scheffler 等首先提出了采用不同的相似性度量方法实现对同一 POI 的识别,分别采用位置相似度、名称重合度和基于 TF-IDF 构建的词袋模型计算文本相似度,准确率为 80%[189]。然而 TF-IDF 是基于词频构建的文本词袋模型,难以应对大规模的互联网数据且对语义隐含信息的表达效果不优秀。McKenzie 等提出加权多属性匹配的方式开展对不同数据源的 POI 实体匹配工作,并进行了 Yelp 中的

POI 实体与其对应的 Foursquare 实体匹配实验[190]。加权平均计算总相似度的方法具有较强的灵活性，但是加权平均的方法得到的综合相似度在进行匹配关系判断时同样需要确定一个合理的阈值，加权后得到的综合相似度不具有明确的现实意义，因此很难确定阈值。Zhang 等利用粒子群算法结合不同属性相似性度量的方法，从社交媒体数据中构建候选数据名单并实现 POI 别名挖掘，准确率可以达到 95% 以上，性能表现优异[191]。

5.2 基于短文本扩展的城市兴趣点功能信息补全方法

在城市感知的地址城市数据整合与处理环节，面对位置服务数据存在的信息缺失情况，本节介绍了一种基于短文本扩展的 POI 城市功能信息补全方法。与传统的文本分类方法不同，本方法针对 POI 名称文本特征稀疏、字符数少的特点，设计了基于搜索引擎的候选文本获取方法和基于 SiteQ 段落检索算法的文本特征扩展环节。该方法将特征扩展后的 POI 名称文本作为输入特征，通过构建基于深度神经网络的分类模型来实现该 POI 实体的城市功能信息自动判别，并将判别结果用于实体信息补全。本节首先描述 POI 信息补全方法的整体架构，然后介绍基于搜索引擎的候选扩展文本获取方法的细节，接下来介绍了基于 SiteQ 段落检索算法的 POI 名称文本扩展方法，最后详细阐述了基于深度学习的 POI 城市功能自动判别模型的构建方法。

5.2.1 信息补全方法架构

基于短文本扩展的 POI 城市功能信息补全方法架构如图 5.8 所示。

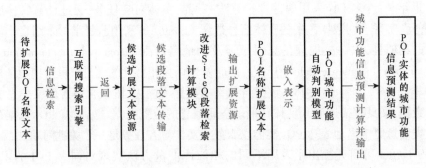

图 5.8 基于短文本扩展的 POI 城市功能信息补全方法架构

基于短文本扩展的 POI 城市功能信息补全方法主要包括以下部分：
(1) 基于搜索引擎与改进 SiteQ 段落检索算法的 POI 名称文本扩展。利用网络爬虫技术,以搜索引擎为扩展文本的工具平台,获取互联网中用于扩展POI名称短文本的候选文档集合,并通过改进的SiteQ段落检索算法筛选候选文本集合中与查询语句相关度较高的段落作为POI名称文本的扩展文本,实现对POI名称文本的内容扩展,获得信息表示更充分的扩展文本。扩展后POI名称文本的表示结构为POI名称文本和从候选文本集合中与查询语句的相关度符合预设要求的文本拼接而成的新文本段落。通过预构建的语义模型来输出扩展文本的嵌入矩阵,以表示扩展文本的特征信息。

(2)基于深度学习的POI城市功能自动判别模型构建。将扩展后的POI名称文本的嵌入表示作为判别模型的输入,通过引入注意力机制提高输入文本嵌入的特征表示效果,结合卷积操作和池化操作实现特征提取并得到高质量的特征图并输出至模型的全连接层,最后通过softmax函数归一化输出该POI的城市功能类型的预测结果。预测结果用于补全及纠正存在信息谬误与缺失的POI数据。

5.2.2 基于搜索引擎和SiteQ算法的扩展文本获取

1. 基于搜索引擎的扩展文本流程

在中文互联网应用中,主流的搜索引擎有百度、360搜索、搜狗等,百度的信息搜索技术最为成熟,因此将百度搜索引擎检索查询信息返回的信息资源作为文本扩展资源。POI名称文本的长度一般在一至二十字(图5.1),百度搜索引擎能够检索的字符长度阈值为38个字符,为保证无其他信息的引入,将POI名称文本作为查询语句并不再进行其他处理。

基于搜索引擎和SiteQ改进算法的POI名称文本扩展方法步骤:首先将POI名称文本作为查询语句q,将查询语句作为搜索引擎的输入并进行编码,生成基于百度搜索的URL,发送HTTP请求,对检索结果进行页面解析,得到搜索引擎返回的前n个网页文档;然后使用爬虫工具对前n个网页文档中的正文部分进行数据抓取,获取到候选文档集合$\mathbf{D}_n(q)$,对文档集合中每个文档进行段落切分,并对每段段落文本进行分词、去停用词等数据预处理操作,完成候选段落集合$\mathbf{T}_n(d)=\{p_1,p_2,\cdots,p_n\}$的构建;最后基于改进SiteQ段落检索算法对候选段落集合中的各段落计算其与查询语句的主题相似度评分,以此为依据对段落集合中的段落进行排序并过滤、筛选,将主题相似度评分符合阈值的段落作为POI名称文本的扩展资源$E(q)$,具体流程如图5.9所示。

2. 基于改进SiteQ算法的扩展文本筛选

进行扩展文本筛选时,搜索引擎返回的文档是否与查询语句相关的评判标准没有统一界定,而返回的文档与检索目标的相关程度将会影响短文本扩展后的特征表达。针对检索结果存在的噪声问题,设计一种改进的SiteQ段落检索算法,通

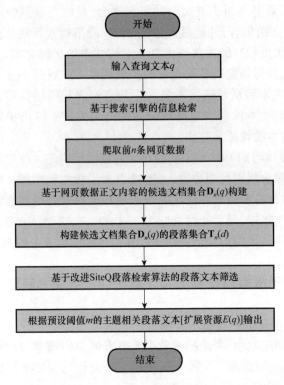

图 5.9 基于搜索引擎和 SiteQ 改进算法的 POI 名称文本扩展流程

过对爬取的网络信息文本切分后的段落进行相关度评分计算,选取和查询与检索目标相关度达标的段落作为扩展文本。改进的 SiteQ 段落检索算法创新部分:①在计算段落相关度时根据段落长短计算出每个段落的相关权值,主要策略为包含查询语句中词汇越多,且段落越短,权值越高,反之权值越低;②为了避免在段落检索时会返回一些查询语句中与查询信息并无关联的段落,通过计算查询语句和候选段落的语义相关度评分,根据段落中词汇的位置及距离进行权重赋值。

1)段落相关度评分

依据 Liu 等[192]的研究工作,当两个段落都拥有查询语句中所包含的词汇时,包含更多查询语句中的词汇且长度越短的段落,其查询语句的相关性越高。基于上述理论,改进 SiteQ 算法根据候选段落中包含的查询语句词汇的数量以及段落长度对段落相似度计算公式引入了新的权值,包含查询语句词汇数量越多,且段落越短,权值越大,反之则权值越小。此外,改进的 SiteQ 段落检索算法还考虑了查询语句中所有词汇在全部段落中出现的次数。段落相关度评分的计算公式如下:

$$\text{Score}_{len} = \frac{f_{pw}}{f_{pw}+k} \cdot \log(f_{pw}+1) \cdot \log(\frac{N}{f_w}+1) \tag{5.4}$$

$$k = 1 - \mu + \mu \cdot \frac{\text{pl}}{\text{avg(pl)}} \tag{5.5}$$

式中:f_{pw} 为在查询语句和段落 p 中包含的相同词汇 w 出现的次数;N 为段落集合中所有段落的数量;f_w 为包含词汇 w 的段落数量;pl 为段落 p 所含的字词数量;avg(pl) 为集中所有段落的平均字词数量;μ 为段落字词数量的调节因子,μ 越大,段落所含字词数量对段落相关性评分的影响就越大,反之,对段落相关性得分的影响就越小。

2) 语义相关度评分

在执行基于搜索引擎与 SiteQ 改进算法的文本扩展操作时,将 POI 名称文本作为查询语句从搜索引擎返回标定数量的相关文档,对返回的文档集合进行段落切分操作,并通过检索算法筛选出与查询语句相关度达到评价指标的段落作为扩展文本。在传统的 SiteQ 算法中仅考虑了查询语句与段落中同时出现的词语的数量,并将这些词语划分为不相关词汇,这样的计算策略忽略了词语之间的关联以及词与词之间的顺序、位置以及距离等因素,将会导致包含查询语句词汇较多但与查询语句并无语义关联的段落赋予较高的段落相关评分,从而影响段落筛选结果的准确率。为解决上述问题,我们采用在 SiteQ 算法中引入基于语义关联词的相关评分度计算方式,通过统计在查询语句中存在语义关联的词语对段落赋予新的权值,并将这种词汇称为语义关联词,通过统计语义关联词的数量对段落相关度评分进行新的计算。

段落与查询语句的语义关联度评分计算公式如下:

$$\text{Score}_{\text{sem}} = \frac{1}{\text{pl}} \cdot \sum_{i=1}^{q_{\text{cnt}}} I(w_i) \tag{5.6}$$

$$I(w) = \begin{cases} 1, \text{rel}(w_i) \cap p \neq \varnothing \\ 0, \text{rel}(w_i) \cap p = \varnothing \end{cases} \tag{5.7}$$

式中:p 为候选段落;pl 为段落长度;q_{cnt} 为查询语句 q 中包含词语的数目;w_i 为第 i 个词语在查询语句 q 中出现的次序;$\text{rel}(w_i)$ 为词语 w_i 的语义相关词;$I(w_i)$ 为段落 p 中词语 w_i 是否存在语义相关词,若存在,则 $I(w_i)$ 为 1,反之,则为 0。

3. 评分优化策略

改进后的 SiteQ 段落评分表示如下:

$$\text{Score} = \text{Score}_1 + \text{Score}_2 + \alpha \text{Score}_{\text{len}} + \beta \text{Score}_{\text{sem}} \tag{5.8}$$

式中:$\text{Score}_{\text{len}}$ 为段落相关度评分;$\text{Score}_{\text{sem}}$ 为语义关联度评分;α 和 β 分别为两个相关度评分的权值。

SiteQ 改进算法的实际操作过程:将 POI 名称文本作为在搜索引擎输入的查询语句,通过搜索引擎进行检索,返回基于搜索引擎计算的文档集合,将所有文档进行段落切分得到候选段落集合。接下来采用式(5.8)对候选段落及查询语句进行段落相关度计算,获得每个段落的段落评分,并根据这个评分对段落进行排序,最终选取排序位置较为靠前的段落作为 POI 名称文本的扩展文本。

4. SiteQ 改进算法步骤

SiteQ 改进算法以 POI 名称文本作为输入查询语句 q,并通过搜索引擎对返回文档进行爬取,得到候选文档集合 $\mathbf{D}_n(q)$,对文档集中某文档 d 进行段落切分,得到候选段落集 $\mathbf{T}_n(d)=\{p_1,p_2,\cdots,p_n\}$,$p$ 为每个候选段落。获取的用于扩展查询语句 q 的文本序列为 $E(q)$。基于搜索引擎与 SiteQ 改进算法的文本扩展方法的步骤如下:

算法 5.1 基于搜索引擎与 SiteQ 改进算法
输入:查询语句 q,段落集合 $\mathbf{T}_n(d)=\{p_1,p_2,\cdots,p_n\}$,每个候选段落表示为 p
输出:$E(q)$
1. 初始化变量 $\mathbf{D}_n(q)=[\ ]$;
2. 输入查询语句 POI 名称文本 q,获取由搜索引擎检索返回的文档集 $\mathbf{D}_n(q)$;
3. 循环每个文档集中的文档 $d \in \mathbf{D}_n(q)$;
4. 对文档 d 执行段落切分,获得候选段落集 $\mathbf{T}_n(d)$;
5. 结束循环;
6. 循环每个候选段落 $p \in \mathbf{T}_n(d)$;
7. 计算 p 的相关性评分 $\text{Score}_1(p)$ 和 $\text{Score}_2(p)$;
8. 计算 p 的长度相关度评分 $\text{Score}_{\text{len}}(p)$;
9. 计算 p 的语义关联度评分 $\text{Score}_{\text{sem}}(p)$;
10. 计算 p 查询语句的段落相似度评分 $\text{Score}(p)$;
11. 结束循环;
12. 根据计算结果对段落进行相似度降序排序 $\text{get\_Score}(\text{Score},m)$;
13. 选择前 m 个段落作为 POI 名称文本的扩展文本,构建候选文本集合 $E(q)$;
14. 返回 $E(q)$。

在进行计算时,相比于 SiteQ 算法,改进算法额外考虑了查询语句包含词汇在段落中出现的顺序、位置以及距离等因素,更好地表达了词汇与段落文本的关系,并根据段落的长短以及包含查询语句中词汇的数量建立了段落长度评分计算公式,这使改进后的 SiteQ 算法的段落筛选正确率得到了有效提高。

5.2.3 POI 城市功能自动判别模型构建

在 POI 城市功能自动判别模型的设计方面,相比传统深度卷积神经网络分类模型中采用卷积层、最大池化层以及全连接层的模型设计结构,其采用了双输入矩阵,分别是 POI 名称原文本输入矩阵和 POI 名称扩展文本。这种模型构建方法使 POI 扩展文本在与 POI 名称原文本相关度较低时不影响判别结果,相关度较高时又能提升分类准确度,并且在双输入矩阵中的 POI 扩展文本矩阵中引入注意力机制进一步降低了噪声,提高模型特征表示效果。POI 城市功能自动判别模型如图 5.10 所示。

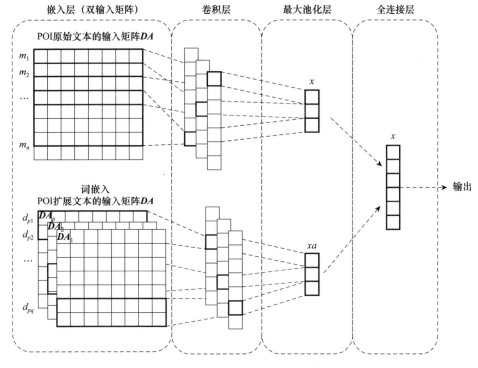

图 5.10　POI 城市功能自动判别模型

模型的输入层分别设为双输入矩阵,均以预训练文本特征向量模型构建的词嵌入矩阵作为输入,在卷积层对文本所含特征进行提取,最大池化层的优势是对高影响力的特征进行保留,然后将通过最大池化层输出的双输入矩阵结果进行一维拼接生成一条特征向量,最后将特征向量传入全连接层分类器得到模型预测结果。

在文本词嵌入表示方面,由于搜索引擎扩展的文本数据包含噪声和干扰信息,为增加输入文本中重要信息权重,降低噪声信息权重,对输入文本嵌入执行注意力计算,采用基于注意力计算的信息评分评估方法处理扩展文本,并获得基于注意力的输入矩阵。注意力机制计算方法使用的滑动窗口大小为 k,滑动窗口提取特征时不共享权重。引入注意力计算的词嵌入矩阵的策略是为了增加对判别影响较大的词的权重,减少对判别影响较小的词的权重(图 5.11)。

输入嵌入的注意力计算过程如图 5.11 所示。$W_i = \{w_{i1}, w_{i2}, \cdots, w_{io}\}$ 为文本集 WS 中的扩展第 i 个文本段落,其中 o 是 W_i 中的单词数。基于 Word2vec 的单词嵌入矩阵构造 W_i 作为注意模型的输入,表示为 $D = \{d_1, d_2, \cdots, d_o\}$,$d_i \in$

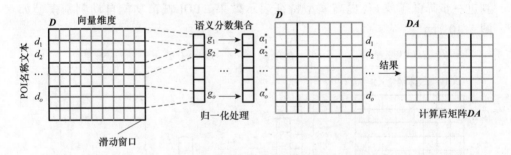

图 5.11 引入注意力计算的词嵌入矩阵

$\mathbf{R}^{\dim}$,dim 表示单词向量的维数。另外,还设计了一个滑动窗口,其大小为 k,用于词向量注意计算中的特征提取,并且滑动窗口的权重是不共享的。为使滑动窗口能够提取输入文本中的全部单词,在输入矩阵的开头和结尾处添加 $(k-1)/2$ 个随机初始向量,以确保窗口中的中心单词是原始向量矩阵中的单词。通过滑动窗口,利用每个窗口中的向量的单词在上下文的特征信息来计算重要性程度得分。其计算方程为

$$g(i) = f(\sum_{r=1}^{k} \boldsymbol{W}_{\text{att}}^{r} \cdot \boldsymbol{X}_{i:i+k-1} + \boldsymbol{b}_{\text{att}}) \tag{5.9}$$

式中:$\boldsymbol{X}_{i:i+k-1}$ 为第 i 个窗口中的词向量矩阵;$\boldsymbol{W}_{\text{att}}^{r} \in \mathbf{R}^{d \times k}$ 为滑动窗口中单词的权重矩阵;$\boldsymbol{b}_{\text{att}}$ 为偏置;$f()$ 为 Relu 激活函数。

通过滑动窗口处理,提取部分隐藏的特征,即 $g_1, g_2, \cdots, g_o$。此时得到的重要性程度得分相对分散。采用 softmax 函数对分数集进行归一化,使特征信息分数适合加权。归一化结果表示为 $a = \{a_1, a_2, \cdots, a_o\}$。$a_j$ 的区间为 $[0,1]$,重要性评分用于描述文本信息,并表示为注意权重。其计算公式如下:

$$a_j = \frac{\exp(g_j)}{\sum_{s=1}^{o}(g_s)}, \sum_{j=1}^{o} a_j = 1 \tag{5.10}$$

a_j 作为注意权重,不仅表示当前单词的特征信息,而且计算了前一个单词和下一个单词同时出现时对判别的影响,即注意信息。如图 5.11 所示,在计算词汇的重要性后可以得到基于注意计算的词向量矩阵 $\mathbf{DA}$。POI 城市功能自动判别模型采用 $\mathbf{DA}$ 作为基于深度学习的 POI 城市功能判别模型的输入矩阵之一,引入输入文本词汇的重要性特征。

$T = \{t_1, t_2, \cdots, t_n\}$ 为 POI 名称文本 T(查询文本 q);n 为单词数。基于 Word2vec 构建 T 的单词嵌入矩阵作为注意模型的输入,表示为 $M = \{m_1, m_2, \cdots, m_n\}$,其中 $m_i \in \mathbf{R}^{\dim}$,dim 为单词向量的维数。对于扩展文本集 $\text{WS} = \{W_1, W_2, \cdots, W_{10}\}$,进行词向量注意计算,得到矩阵集 $\boldsymbol{D} = \{D_1, D_2, \cdots, D_{10}\}$。$\boldsymbol{D}_p = \{d_{p1},$

$d_{p2},\cdots,d_{po}\}$，$d_{pm}\in \mathbf{R}^{\dim}$ 为扩展文本的词向量矩阵，o 为扩展文本 D_p 中的词数。对 M 进行卷积运算：

$$c_{(i)}^{r}=f(\mathbf{W}\cdot \mathbf{X}_{(i):(i)+h-1}+b) \tag{5.11}$$

式中：$\mathbf{W}$ 为卷积核的权重矩阵；h 为行数；$\mathbf{X}_{(i):(i)+h-1}$ 为从第 (i) 到第 $((i)+h-1)$ 个窗口的单词向量；b 为偏差；$f()$ 为 Relu 激活函数。以下方程可以得到 M 的第 i 个卷积核提取的特征映射 $\mathbf{M}_{\text{feature}}^{(i)}$：

$$\mathbf{M}_{\text{feature}}^{(i)}=[c_{1}^{(i)},c_{2}^{(i)},\cdots,c_{2n-h+1}^{(i)}] \tag{5.12}$$

卷积运算后 M 的特征图表示为

$$\mathbf{FM}=(\mathbf{M}_{\text{feature}}^{(1)},\mathbf{M}_{\text{feature}}^{(2)},\cdots,\mathbf{M}_{\text{feature}}^{(\text{size}_M)}) \tag{5.13}$$

式中：size_M 为 M 的卷积核的大小。

对于局部特征提取部分输入矩阵的注意计算后的扩展文本 D_p 的注意矩阵 Da_p，扩展文本注意矩阵集为 $\mathbf{DA}=\{Da_1,Da_2,\cdots,Da_{10}\}$。对注意矩阵集 $\mathbf{DA}$ 中的每个矩阵 Da_p 进行卷积运算：

$$ca_{(i)}^{r}=f(\mathbf{Wa}\cdot \mathbf{Xa}_{(i):(i)+l-1}+ba) \tag{5.14}$$

式中：$\mathbf{Wa}$ 为卷积核的权重矩阵；l 为行数；$\mathbf{X}_{(i):(i)+l-1}$ 为从第 (i) 到第 $((i)+l-1)$ 个窗口的单词向量；ba 为偏差；$f()$ 为 Relu 激活函数。

以下方程可以得到 Da_p 的第 i 个卷积核提取的特征映射 $\mathbf{Da}_{\text{feature}}^{(i)}$：

$$\mathbf{Da}_{\text{feature}}^{(i)}=[ca_{1}^{(i)},ca_{2}^{(i)},\cdots,ca_{2o-l+1}^{(i)}] \tag{5.15}$$

卷积运算后 Da 的特征图表示为

$$\mathbf{FDa}=(\mathbf{Da}_{\text{feature}}^{1},\mathbf{Da}_{\text{feature}}^{2},\cdots,\mathbf{Da}_{\text{feature}}^{10}) \tag{5.16}$$

为了减少参数的数量和进一步的特征提取，对 $\mathbf{FM}$ 和 $\mathbf{FDa}$ 进行了最大池计算：

$$c_{(i)}^{r}=\max\{c_{1}^{r},c_{2}^{r},\cdots,c_{(i)-h+1}^{r}\} \tag{5.17}$$

$$ca_{(i)}^{r}=\max\{ca_{1}^{r},ca_{2}^{r},\cdots,ca_{(i)-l+1}^{r}\} \tag{5.18}$$

式中：$c_{(i)}^{r}$ 和 $ca_{(i)}^{r}$ 分别为特征图 $\mathbf{FM}$ 和 $\mathbf{FDa}$ 的最大池化操作后的结果。

将池化操作的结果拼接成一维实向量 x 和 xa。$\hat{X}=[x,xa]$，用作连接层的输入。连接层的 POI 城市功能类型的分类预测计算如下：

$$Y=f(\mathbf{W}_f+\hat{X}+b_f) \tag{5.19}$$

式中：$f()$ 为 softmax 函数；$\mathbf{W}_f$ 为连接层的权重矩阵；b_f 为偏置；输出 Y 为一维实向量，$Y=\{y_1,y_2,\cdots,y_c\}$；c 为 POI 的城市功能类别数；$y_j\in y$ 为属于第 j 个类别的分数。基于训练文本的分类标签，模型采用反向传播算法对模型进行梯度更新并训练模型参数。

5.3 信息补全方法性能评价

5.3.1 实验设置

用于评估 POI 城市功能信息补全方法的实验数据源于 CSDN 的公开数据集，内容是北京市 POI 名称、城市功能类别、地址及其他位置服务信息(图 5.12)。

70601	京美连锁超市(石景山店)	北三环西路甲31号	39.96661715	116.3318357	北京市;海淀区	购物;超市
70602	京美连锁超市(黄寺大街店)	德胜置业大厦1号写字楼东南	39.96087139	116.3773274	北京市;西城区	购物;超市
70603	物价美超市	王四营小海子村连首家园	39.88307314	116.5086913	北京市;朝阳区	购物;便利店
70604	康美服装超市	天竺医保全新大药房花梨坎店附近	40.07710377	116.5492812	北京市;顺义区	购物;服饰鞋包
70605	美物佳廉海明益佳超市	美物佳廉海明益佳超市(邓庄南小桥东北)	40.22542617	116.192946	北京市;昌平区	购物;超市
70606	魏善庄收费站(G3京台高速出口)	魏善庄收费站(中水渠路东)	39.68148301	116.4518933	北京市;大兴区	基础设施;收费站
70607	河北顾善美(圣品斋总代理)京高冷冻食品批发	田村北路南50米	39.93305855	116.227576	北京市;海淀区	购物;农贸市场
70608	京盛利精品不锈钢铁艺装饰	来广营东路944车站善各庄西站	40.02270329	116.4696987	北京市;朝阳区	购物;家具家居建材
70609	京越餐馆中水西单店	民丰胡同31号中水大厦1层	39.90770502	116.3657777	北京市;西城区	美食;日韩菜
70610	北京师范大学宝习餐厅	北京师范大学内	39.96136849	116.3612876	北京市;海淀区	美食;中餐厅
70611	鑫宝亿宏酒家	京密路	40.5248689	117.1013634	北京市;密云区	美食;中餐厅
70612	北京石榴园东北三宝居餐厅	大红门街道石榴庄路石榴园南里	39.84425314	116.4097203	北京市;丰台区	美食;特色中餐
70613	乐宝快送	南八宝15号	39.90334313	116.4140569	北京市;东城区	美食;家常菜
70614	美食街	月华大街良乡太平庄112号宝益盛宾馆东10米	39.72876617	116.1139909	北京市;房山区	美食;中餐厅
70615	北京久和口腔门诊部朝阳北路店	定福家园南里1号院1号楼	39.92265734	116.567251	北京市;朝阳区	医疗保健;诊所
70616	北京鎏法世家手工葡萄酒	教场口街1号	39.95249114	116.3780878	北京市;西城区	公司企业;公司企业
70617	通化葡萄酒股份有限公司北京分理处-南门	东智义胡同与宣武门西街交叉口西50米	39.89895501	116.3584002	北京市;西城区	基础设施;门/出入口
70618	烟酒超市	鲁谷东街30-4	39.88896065	116.2279418	北京市;丰台区	购物;烟酒专卖
70619	南口粮食购销站	以外南口镇南口村南口	40.24253793	116.1254261	北京市;昌平区	购物;农贸市场
70620	阳澄湖大闸蟹(菜市口专卖店)	菜市口大街5号	39.88428269	116.3687566	北京市;西城区	购物;其它购物
70621	同悦食品店	宫门口东岔83号	39.92267689	116.3563807	北京市;西城区	购物;便利店
70622	东北黑木耳直销处	上庄大街与巨山路交叉口东北200米	39.92462608	116.223332	北京市;海淀区	购物;农贸市场

图 5.12 北京公开数据集示例

本节通过保留 POI 名称和类别信息内容，去除其他位置服务数据内容，从而实现实验数据集的构建，数据集中 POI 的城市功能类别信息共包含 19 个一级类别，226 个二级类别。

例如：[POI 名称]对外经济贸易大学俄罗斯语言文化中心；[POI 城市功能类别]12.6。

12.6 表示一级类别 12 中的第 6 个小类别，即教育学校 12 中的培训 6 类。选取数据集中的一级类别作为本节实验的 POI 城市功能类型判别标准，为避免实验样本在 POI 城市功能类别属性上的分布不均匀，选择并保留样本数大于 500 的类别作为实验数据。经统计，实验数据中共包括 16 个类别，133116 个样本，实验数据 POI 名称文本长度介于 3～20 个字符，随机抽取其中 80%为训练数据，剩余的 20%为测试数据。数据集中各类别名称及样本数如表 5.2 所列。

实验用 Google 开源项目 Word2vec 的 Skip-gram 模型对词向量进行训练，维度选择为 300，对未存在于预训练词嵌入模型的词汇进行随机初始化。本节采用准确率(accuracy)、精确率(precision)及 F1 分值作为试验评估指标。

表 5.2 数据集各类别数据样本数

POI 城市功能类别	样本数	POI 城市功能类别	样本数
运动健身	2077	酒店宾馆	3577
银行金融	2057	教育学校	3069
医疗保健	2289	建筑房产	12452
休闲娱乐	6413	基础设施	9194
文化场馆	843	机构团体	2527
生活服务	12102	购物	37975
汽车	5271	公司企业	16348
美食	16202	旅游服务	720

5.3.2 模型性能优化实验

1. 候选段落数目对模型性能的影响

为了验证本节在基于搜索引擎特征扩展时加入的段落检索算法以及返回不同段落数目对 POI 城市功能判别模型性能的影响,设计实验对比现有段落检索算法与改进算法在不同候选段落数目的情况下模型的性能。该实验选择 5.2 节中方法所构建的 POI 城市功能自动判别模型(Attention-CNN)作为判别器,滑动窗口 k 值为 5,段落数目对基于不同段落检索算法的模型性能影响如表 5.3、表 5.4、表 5.5 所列。

表 5.3 段落数目对基于不同段落检索算法的模型准确率影响

算法	段落数目		
	5	10	15
不使用段落检索算法	65.2%	68.9%	64.8%
SiteQ 算法	79.9%	82.4%	78.7%
改进的 SiteQ 算法	84.3%	86.2%	83.2%

表 5.4　段落数目对基于不同段落检索算法的模型精确率影响

算法	段落数目		
	5	10	15
不使用段落检索算法	77.3%	80.6%	78.2%
SiteQ 算法	82.3%	85.3%	81.9%
改进的 SiteQ 算法	85.2%	90.2%	84.6%

表 5.5　段落数目对基于不同段落检索算法的模型 F1 分值影响

算法	段落数目		
	5	10	15
不使用段落检索算法	26.4%	28.9%	27.1%
SiteQ 算法	30.5%	32.4%	30.7%
改进的 SiteQ 算法	38.3%	40.7%	38.2%

以上实验结果显示,改进的 SiteQ 算法相较于标准的 SiteQ 算法对 POI 城市功能自动判别模型的性能有一定的提升,当算法返回的段落数目为 10 时,模型的 POI 城市功能类型的判别效果最好,当段落数目增加时,由于引入过多噪声导致城市功能类型判别不正确的样本数量变多,当段落数目减少时,存在将段落相似度较高的段落遗漏的情况。由上述实验可知,改进的 SiteQ 段落检索算法考虑了段落长度和语义关联度对段落相似度评分的影响,使段落排序更加合理,当返回段落数为 10 时,模型性能最好(准确率、精确率和 F1 分值分别为 86.2%、90.2% 和 40.7%)。由此可见,基于搜索引擎与 SiteQ 改进算法的短文本扩展方法对 POI 城市功能自动判别模型的性能表现有较为显著的提高。

2. 基础深度神经网络模型性能比较

设计实验对比深度学习算法 RNN 和 CNN 在本实验 POI 城市功能自动判别模型的性能。实验配置见 3.3.3 节。

由表 5.6 可以看出,两种深度学习模型的整体性能相近,CNN 略高于 RNN,考虑产生此实验结果应为 POI 名称文本很短,字符稀疏,在时间序列上的特征优势不明显,导致 RNN 模型的性能(准确率、精确率和 F1 分值分别为 83.4%、85.2% 和 36.8%)略低于 CNN 模型(准确率、精确率和 F1 分值分别为 83.6%、86.8% 和 37.6%)。同时在训练时间方面,CNN 和 RNN 的模型训练时间分别为 1h 和 5h,RNN 模型在训练过程中需要更多的计算资源,因此硬件资源消耗也高于 CNN。通过对比发现,基于 CNN 模型进行 POI 城市功能自动判别模型的设计是合理的。

表5.6 基础深度模型性能比较

模型	准确率/%	精确率/%	F1 分值/%	训练时间/h
CNN	83.6	86.8	37.6	1
RNN	83.4	85.2	36.8	5

3. 不同 k 值对模型性能的影响

接下来,设计实验分析不同滑动窗口大小对 POI 城市功能自动判别模型性能的影响。k 表示滑动窗口大小的数值,本实验的目的是了解注意力机制在不同参数下对提取局部关键词加权后的模型性能影响,实验以准确率、精确率和 F1 分值作为评价指标,见表 5.7。

表5.7 不同 k 值对模型性能的影响

k 值	准确率/%	精确率/%	F1 分值/%
1	84.9	89.2	39.7
2	85.2	89.4	39.9
3	85.7	89.5	40.3
4	85.9	89.8	40.5
5	**86.2**	**90.2**	**40.7**
6	85.7	89.6	40.4
7	85.3	89.4	40.2
8	85.2	89.3	39.9

实验对不同滑动窗口大小情况下的准确率、精确率和 F1 分值进行分析,实验结果表明,在滑动窗口大小从 1 扩大到 5 的过程中,模型的各方面指标呈现提升的情况,表明在此时扩大滑动窗口 k 对模型构建是有益的。当滑动窗口大小从 5 扩大到 8 的过程中,模型的各项评估指标开始出现下降趋势,表明在此时扩大滑动窗口 k 对模型构建起到了负面效应。总体来看当滑动窗口 k 数值为 1 时,模型整体性能最差,这是由于此时中心词为本身且没有前后词汇特征信息的引入,特征提取内容单一。在此实验条件中当滑动窗口 k 值为 5 时,模型整体性能达到最优(准确率、精确率和 F1 分值分别为 86.2%、90.2% 和 40.7%),所以采用此模型参数作为模型性能的实际表现。

5.3.3 特征扩展与引入注意力对模型性能的影响

基于 CNN 的 POI 城市功能自动判别模型采用基于搜索引擎与 SiteQ 改进算法的文本扩展方法并引入注意力机制进行对比。3 个模型分别为基于 CNN 的模型，引入扩展文本的 CNN 判别模型（CNN+extend）和性能优化后 POI 城市功能自动判别模型 Attention-CNN+entend 5（特征扩展且引入注意力计算，滑动窗口大小为 5），其中模型中直接使用扩展文本的训练矩阵作为 CNN 扩展部分的输入矩阵。设计实验，通过比较不同迭代次数模型的准确率情况，在观察模型性能的同时观察迭代次数设置的合理性。实验结果如图 5.13 所示。

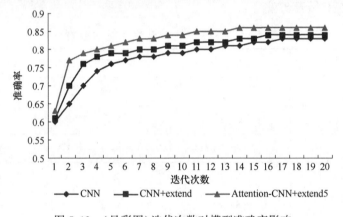

图 5.13　（见彩图）迭代次数对模型准确率影响

实验结果发现，本节设计的结合文本扩展和注意力机制的卷积神经网络模型性能最优，该算法在 12 个 epoch 以内达到了 86.2% 的 POI 城市功能判别准确率，相比传统的卷积神经网络模型以及加入文本扩展的卷积神经网络模型，本节设计的算法模型的性能较为良好。在迭代次数的影响折线图中可以发现，当迭代次数为 17 时模型的准确率达到峰值，这表明将迭代次数的阈值设置为 20 是合理的。CNN+entend 模型由于加入了扩展信息相较于传统的 CNN 模型取得了更好的效果，引入注意力机制后具有更好地提取局部特征能力，模型在多项指标上的表现效果有明显提升。

为了验证引入注意力机制对模型性能的影响，设计模型性能对比实验。本节将基于统计学习的 K 近邻算法（KNN）、朴素贝叶斯（NB）和支持向量机（SVM）模型，基于深度学习的卷积神经网络（CNN）、循环神经网络（RNN）和结合文本扩展的 CNN+extend 模型与 Attention-CNN+extend 5 进行性能对比。实验结果见表 5.8。

表 5.8　模型性能对比

模型	准确率/%	精确率/%	F1 分值/%
NB	68.5	69.3	17.3
KNN	79.5	80.2	29.6
SVM	81.7	82.4	33.9
CNN	83.6	86.8	37.6
RNN	83.4	85.2	36.8
引入扩展文本的 CNN 模型 CNN+extend	84.7	88.4	39.4
POI 城市功能判别模型 Attention-CNN+extend5	86.2	90.2	40.7

如实验结果所示,在模型性能表现上,基于统计学习模型的判别效果最差,在基于统计学习的模型中,基于朴素贝叶斯的模型性能最差。基于支持向量机的模型性能最强。深度学习模型整体性能优于基于统计学习的模型,分析理由为:基于深度神经网络的模型的特征提取能力优于统计计算实现的特征提取能力。在深度学习的模型比较中,CNN 模型性能略优于 RNN 模型性能。CNN 模型性能在加入了基于搜索引擎与 SiteQ 改进算法的扩展方法后有了一定的提升,原因在于增加了文本信息量,表明这种扩展方法对 POI 城市功能判别性能起到了积极作用。Attention-CNN+extend 5 在各组模型中性能最优,注意力机制使性能提升最为显著,表明增加了对局部特征的抽取,使卷积层抽取的特征具有较好的泛化能力。实验证明了基于搜索引擎与 SiteQ 改进算法的文本扩展方法和注意力机制对短文本分类的有效性。此外,从表中可以看出 F1 分值相对较低,分析是因为基于 POI 名称文本数据的 POI 城市功能判别为文本多分类任务,存在数据样本分布不均匀情况,容易导致 F1 分值较低。

5.4　基于实体对齐的多源位置服务数据整合方法

在城市感知的地址和城市数据整合与处理环节,面对多源位置服务应用中数据存在的分布不均匀、单一数据源信息客观性和全面性较差的现象,设计一种基于实体对齐的多源位置服务数据整合方法。首先,概述方法的设计思想和执行流程。其次,介绍了基于多属性度量的实体对齐方法。该方法通过构建地理空间、文本内容、语义信息的属性相似性度量来实现多源位置服务应用中的实体对齐操作。再次,针对实体对齐模型的输出属性相似度权重学习,利用粒子群优化算法(particle swarm optimization,PSO)在快速逼近线性解的优势来优化权重分配。最后,基于实体对齐结果,针对评分类和文本类两种位置服务数据类型,设计面向位置服务应用的数据整合策略来完成整合数据以提升数据质量。

5.4.1 数据整合方法架构

基于实体对齐的多源位置服务数据整合方法的流程如图5.14所示。

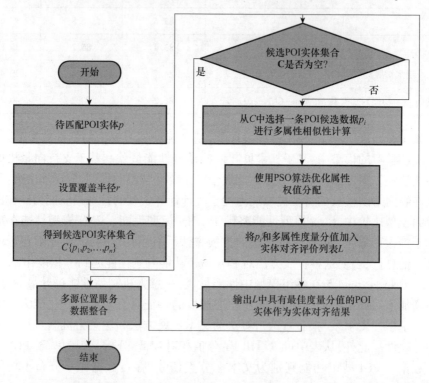

图5.14 基于实体对齐的多源位置服务数据整合方法流程

基于规则构造的方法通过设置待匹配POI实体p的中心点坐标,设置覆盖半径r来获得候选POI实体集合。

(1)对候选实体集合中的样本做空间查询并分析,如果POI实体存在于r为半径的圆形地理空间中,就将这些POI实体放入候选匹配集中;

(2)遍历候选数据集合中的每个POI实体p_i,计算其与待匹配实体p之间的属性相似度;

(3)对p和p_i不同的属性度量的相似性结果进行权重分配,并计算综合匹配结果,并将p_i与综合评价结果存入评价列表L中;

(4)将评价列表L中综合匹配结果分数最高的实体作为实体对齐的对象;

(5)对成功对齐的实体结果输出并执行多源位置服务数据整合(文本数据整合和评分数据整合)操作。

在本方法中,覆盖半径 r 的作用如下:利用经纬度距离和覆盖半径 r 来构建 p 的候选 POI 实体集合 $C = \{p_1, p_2, \cdots, p_n\}$。当某 POI 实体 p_i 与 p 的距离小于 r,便将 p_i 放入 p 的待匹配候选实体集合中。

5.4.2 基于多属性度量的 POI 实体对齐

本小节介绍每个测量属性的相似度计算和基于度量分数的实体对齐方法,分为地理位置相似度计算、文本内容相似度计算和语义相似度计算,并介绍了综合评估分数计算与实体对齐的方法流程。在后续基于多属性相似性度量的 POI 实体对齐及计算过程阐述中,p_1 和 p_2 表示两个 POI 候选数据,详细内容如下。

1. 地理位置相似度

p_1 和 p_2 的地理位置相似度评分计算过程如下:

$$a_1 = \frac{\text{lat}_{p_1}}{p_k} \tag{5.20}$$

$$a_2 = \frac{\text{lng}_{p_2}}{p_k} \tag{5.21}$$

$$b_1 = \frac{\text{lat}_{p_1}}{p_k} \tag{5.22}$$

$$b_2 = \frac{\text{lng}_{p_2}}{p_k} \tag{5.23}$$

$$t_1 = \cos a_1 \cdot \cos a_2 \cdot \cos b_1 \cdot \cos b_2 \tag{5.24}$$

$$t_2 = \cos a_1 \cdot \sin a_2 \cdot \cos b_1 \cdot \sin b_2 \tag{5.25}$$

$$t_3 = \sin a_1 \cdot \sin b_1 \tag{5.26}$$

$$f(p_1, p_2) = \frac{1}{R \cdot a\cos(t_1 + t_2 + t_3) + 1} \tag{5.27}$$

式中:p_1 和 p_2 的坐标分别为 $(\text{lat}_{p1}, \text{lng}_{p1})$,$(\text{lat}_{p2}, \text{lng}_{p2})$;$p_k = 180/\pi$;$\pi$ 为圆周率;R 为地球半径,数值为 6370996.81;$f(p_1, p_2)$ 为地理位置相似评分,即两坐标点距离 $R \times a\cos(t_1 + t_2 + t_3) + 1$(m)加 1 的倒数,实现度量分数的区间为 $f(p_1, p_2) \in (0, 1]$。

2. 文本内容相似度

采用文本重合度来衡量文本内容的相似性。计算名称文本数据和地址描述文

本数据的文本重合度,通过下式为文本重合度进行计算:

$$g(p_1,p_2) = \frac{\frac{\text{coi}(p_1,p_2)}{\text{len}(p_1)} + \frac{\text{coi}(p_1,p_2)}{\text{len}(p_2)}}{2} \quad (5.28)$$

式中:$\text{coi}(p_1,p_2)$ 为 p_1 和 p_2 重合的文本长度;$\text{len}(p_1)$ 为文本 p_1 的字符长度;$g(p_1,p_2)$ 为文本重合的度量分数,最大值为 1,越高表示文本重合度越高。

3. 语义信息相似度

基于 BERT 的语义相似度计算的基本思想如图 5.15 所示。

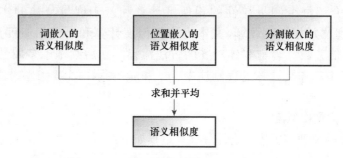

图 5.15　基于 BERT 的语义相似度计算

BERT 可以克服上下文信息表示方面基于特征和微调方法的困难,具有 3 种嵌入输出,分别为词嵌入、位置嵌入和分割嵌入,来表示不同类型的语义信息(见 4.1.3 节)。针对不同类型的语义嵌入分别采用语义相似度计算方法(式(5.30))来获得 BERT 语义相似度,再对计算得到的 3 种相似度求和并求平均值来获得最终的语义相似度。在语义相似度的度量中,采用余弦相似度公式结合 BERT 文本嵌入来测量语义相似度。

原始余弦相似度计算公式为

$$h(p_1,p_2) = \frac{\sum_{k=1}^{m}(R_{k,p_1}) \cdot (R_{k,p_2})}{\sqrt{\sum_{k=1}^{m}(R_{k,p_1})^2 \cdot \sum_{k=1}^{m}(R_{k,p_2})^2}} \quad (5.29)$$

在计算向量相似度时,由于余弦相似度计算方法(式(5.29))更多从方向角度进行相似度量,对各个维度绝对数值相对不敏感,无法度量每个维度值的差异。为修正这种不合理性,采用改进的余弦相似度计算方法(式(5.30)),该公式通过使向量所有维度上的数值减去一个均值来避免参数不敏感问题,再用预先相似度进行计算,实现对余弦相似度的完善。将文本序列中不同词汇的嵌入向量的平均值作为该文本的语义向量。改进后的语义相似度计算公式:

$$h(p_1,p_2) = \frac{\sum_{k=1}^{m} |R_{k,p_1} - \overline{R_k}| \cdot |R_{k,p_2} - \overline{R_k}|}{\sqrt{\sum_{k=1}^{m}(R_{k,p_1} - \overline{R_k})^2 \cdot \sum_{k=1}^{m}(R_{k,p_2} - \overline{R_k})^2}} \quad (5.30)$$

式中：p_1 和 p_2 分别为两个待计算语义相似度的实体；$h(p_1,p_2)$ 为语义相似度计算结果；· 为点乘计算；$R_{k,p}$ 为实体 p 的语义向量在 k 维度的数值；$\overline{R_k}$ 为所有候选数据的语义向量在 k 维度的平均值。

4. 综合评估分数计算与实体对齐

实现实体对齐的综合多属性相似度的评估分数计算的流程如图 5.16 所示。首先，将待匹配 POI 实体的坐标设置为中心点，并使用半径为 r 的圆所覆盖的 POI 实体作为候选集。其次，通过多属性度量计算获得各属性的相似度评分。综合评估分数的各属性（地理信息、文本重合度和文本语义）相似度计算方法为地理位置相似度计算[f:式(5.2)~式(5.27)]、文本内容相似度计算[g_1 和 g_2:式(5.28)]和语义信息相似度计算[h_1 和 h_2:式(5.30)]。最后，利用已知数据集，针对各属性的相似度计算结果，采用粒子群算法获得最优权重 $\alpha, \beta, \chi, \delta, \varepsilon$ 分配给各个属性的相似度评分，并获得一个综合判断结果用于实现多源位置服务应用中的 POI 实体对齐。

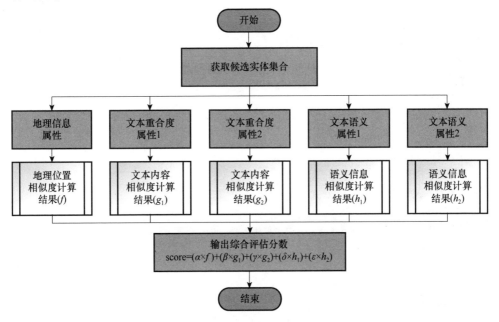

图 5.16 基于多属性度量的综合评估分数计算流程

5.4.3 基于PSO的度量属性权重优化

为实现实体对齐的输出,采用相加的方式将5种度量属性相结合以获得实体对齐的判别评分。判别评分中每个相似度量结果与一个实数相乘,用来表达不同度量属性对实体对齐的影响重要性。具体公式如下:

$$\text{score}(p_1,p_2) = \alpha f(p_1,p_2) + \beta g_1(p_1,p_2) + \chi g_2(p_1,p_2) + \delta h_1(p_1,p_2) \\ + \varepsilon h_2(p_1,p_2) \quad (5.31)$$

式中:p_1和p_2为两个实体候选数据的匹配度;$f(p_1,p_2)$为坐标属性的相似度;$g_1(p_1,p_2)$为名称属性的文本重合度;$g_2(p_1,p_2)$为地址属性的文本重合度;$h_1(p_1,p_2)$为名称属性的文本相似度;$h_2(p_1,p_2)$为地址属性的文本相似度。其中$\alpha,\beta,\chi,\delta,\varepsilon$分别为各度量属性的加权数值,表示各度量属性在实体匹配模型的影响程度。接下来将阐述基于PSO的权重设置方法。

面对$\text{score}(p_1,p_2)$的权值设置,采用一种基于PSO优化算法[152]实现对实体匹配模型的建立。在候选数$\text{score}(p_1,p_2)$数值最高的两条数据,判断为隶属同一POI实体的数据。PSO的主体思想为:①初始化粒子群;②评价粒子,即计算适应值;③寻找个体极值;④寻找全局最优解;⑤修改粒子的速度和位置。基于上述概念,利用监督学习的方法基于粒子群优化算法获得满足规则的权值,构建实体对齐模型。算法过程如下:

算法5.2 基于粒子群优化算法的权重设置方法
输入:粒子数(Part_n),迭代数(Iter_n),更新速度(Speed),PS,PCS,PAR; 输出:pa_{best}。
1. 随机初始化 Part_n,粒子 $pa=\alpha_p,\beta_p,\chi_p,\delta_p,\varepsilon_p$; 2. 循环迭代次数 Iter_n; 3. 循环每个粒子 $pa=\alpha_p,\beta_p,\chi_p,\delta_p,\varepsilon_p$; 4. 判断粒子 pa 是否为最优,计算公式 $judge(pa)$; 5. 结束循环; 6. 更新最优粒子 $pa_{best}=(\alpha,\beta,\chi,\delta,\varepsilon)$←具有最高 $judge(pa)$的粒子; 7. 循环每个粒子 pa; 8. $pa \leftarrow pa+(pa_{best}-pa)\times speed$; 9. 结束循环; 10. 结束循环; 11. 返回 $pa_{best}=(\alpha_{best},\beta_{best},\chi_{best},\delta_{best},\varepsilon_{best})$。

每个粒子 pa 具有 5 个参数,分别为 $\alpha_p, \beta_p, \chi_p, \delta_p, \varepsilon_p$,这些参数用来表示不同度量分数对评估结果的权重。Part_n、Iter_n 和 Speed 分别为 PSO 算法的粒子数、迭代次数和速度。其中 PS = $\{P_1, P_2, \cdots, P_n\}$ 为待匹配的 POI 实体集合,集合的样本数目为 N。PCS = $\{PC_1, PC_2, \cdots, PC_n\}$ 为 PS 对应的候选实体集合,PCS 的子集合数目为 N。P_i 的候选集合为 $PC_i = \{p_i^1, p_i^2, \cdots, p_i^m\} \in PCS$,$m$ 为 PC_i 的样本数目。PAR = $\{\{P_1, PY_1\}, \{P_2, PY_2\}, \cdots, \{P_n, PY_n\}\}$ 为 PS 的正确匹配结果,其中 $PY_i \in PC_i$。judge(pa) 为将权重设置为 $\alpha_p, \beta_p, \chi_p, \delta_p, \varepsilon_p$ 时模型的对齐性能。

$$\text{judge}(pa) = \sum_{i=1}^{n} \text{correct}(P_i)$$ 表示参数为 pa 时,模型正确匹配的数目。

$$\text{correct}(P_i) = \begin{cases} 1, \text{score}_{\text{highest}}(P_i, PC_i) = PY_i \\ 0, \text{score}_{\text{highest}}(P_i, PC_i) \neq PY_i \end{cases}$$ 表示 P_i 实体对齐是否正确。

若 P_i 的对齐结果正确,则 correct(P_i) 取值为 1,反之,则 correct(P_i) 取值为 0。

$\text{score}_{\text{highest}}(P_i, PC_i)$ 为 PC_i 中与 P_i 评估分数最高的候选实体。算法 5.2 通过逼近 judge(pa) 的最大值来训练模型并获得最优参数 $pa_{\text{best}} = (\alpha_{\text{best}}, \beta_{\text{best}}, \chi_{\text{best}}, \delta_{\text{best}}, \varepsilon_{\text{best}})$。

5.4.4 基于实体对齐结果的数据整合

利用实体对齐的结果从不同位置服务应用数据源中实现数据整合,针对不同数据的特性,面对文本类数据和用户评分类数据设计了不同的整合策略。

1. 文本数据整合

针对 POI 实体的文本描述类数据(如 POI 名称和 POI 地址数据)存在的内容相交、内容包含和内容相斥这 3 种情况设计不同的整合方法。3 种文本数据整合策略如下。

(1)内容相交情况下的数据整合:如两条文本之间存在一段相交的序列,则在保留文本 A 的同时,将文本 B 中 A 不具有的文本补充给 A。例如,A[小油饼老菜坊(幸福街店)]和 B[小油饼老菜坊(旗舰店)]的数据整合结果为小油饼老菜坊(幸福街店)(旗舰店)。如两条文本之间存在多段内容相交的序列,则同时保留两条文本数据。

(2)内容包含情况下的数据整合:如果一条文本被另一条文本包含,则将被包含的文本数据删除,保留更完整的文本数据。例如,A[小油饼老菜坊(幸福街店)]和 B(小油饼老菜坊),则仅保留 A[小油饼老菜坊(幸福街店)]。

(3) 内容相斥情况下的数据整合:如果两条文本完全不相同,则两条文本数据均被保留。例如,A(饺子馆)和B(中餐厅),则同时保留A和B两条文本数据A∪B(饺子馆;中餐厅)。

2. 评分数据整合

针对评分类型的数据整合策略,不同位置服务应用对同一POI实体的评价人数和标准不同,因此使用简单的先求和再平均的方式无法得到客观的评价结果。通过考虑不同位置服务应用中评分人数的不均匀因素导致的非客观性,设计了下面的计算方法来实现位置服务应用的POI评价数据的整合:

$$\text{LBSScore}(p) = \sum_{i=1}^{n} \frac{\text{UserScore}(LBS_i,p) \times \text{Users}(LBS_i,p)}{\text{MScore}(LBS_i)} \quad (5.32)$$

式中:LBSScore(p)为实体p的评分数据整合计算结果;UserScore(LBS_i,p)为实体p在LBS_i应用中的用户分数;MScore(LBS_i)为LBS_i应用的最大分数,即用户分数上限;Users(LBS_i,p)为参与评价LBS_i中实体p的人数;n为参与数据整合的位置服务应用数目。本评分数据整合策略通过计算不同位置服务应用在各自打分规则和评价人数条件下的平均分数,获得综合多应用特性的客观结果。

5.5 数据整合方法性能评价

5.5.1 实验设置

1. 数据集

实验数据集的构建方面,从腾讯地图QQ Map、高德地图Amap、百度地图Baidu Map 3种位置服务应用获取以固定坐标点为中心的位置服务数据。每个POI实体的位置服务数据内容均包含POI名称、地址、距离坐标等基础数据,并包含POI城市功能类型、印象标签、地点评论、地点评分等位置服务数据。由于不同地图应用使用的坐标系不同,采用社区共享的坐标转换工具将Amap坐标(WGS84坐标系)和QQmap坐标(WGS84坐标系)统一转换为Baidu map坐标(BD09坐标系)。在预处理环节,为实现去除标点符号、中文词汇切分,采用开源软件包Jieba对采集到的位置服务数据中的文本进行操作,以用于文本内容相似度和语义信息相似度的计算资源。通过人工标注的方式来标记采集的数据,实验数据集的POI实体样本数量情况见表5.9。在实验数据集中,80%的实验数据作为训练集,剩余的数据作为测试数据。

表 5.9 实验数据集概述

样本描述	数目
百度地图应用中获取的位置服务数据	3867
腾讯地图应用中获取的位置服务数据	3872
高德地图应用中获取的位置服务数据	3859
兴趣点实体的总样本数	3886
同时存在于全部位置服务应用中的兴趣点实体	3850

2. 覆盖半径选择

在评估方法性能前,设计了一项实验,该实验通过观察不同半径中候选实体数和存在匹配实体概率来选择适用的覆盖半径 r,实验结果如表 5.10 所列。

表 5.10 覆盖半径 r 选择

半径 r/m	平均候选实体数	存在匹配实体概率
50	6	0.673
100	25	0.916
200	98	0.998
300	**213**	**1.000**
500	620	1.000

实验结果表明,当覆盖半径初始设置为 50 时,候选实体数较少且存在匹配实体的概率最低。随着覆盖半径的逐渐提升,存在匹配实体概率开始提升并且平均候选实体数也开始提升,表明保证匹配质量的同时计算量也会得到提升。分析产生此现象的原因应为,不同位置服务应用的坐标值存在偏差,不能完全保证匹配实体的覆盖。当覆盖半径为 300 m 时,在本实验集合中已包含候选实体数据(存在匹配实体概率为 1.000),且随着覆盖半径进一步升高,候选实体数会进一步增加。为节约计算资源并保证实体匹配候选数据质量,实验中选择覆盖半径 r 为 300m 的周边候选名单进行实体匹配。结果表明,当 r 为 300m 时,将包括正确的候选实体数据。

3. 词向量模型选择

表 5.11 比较了基于 Word2vec 的单词矢量嵌入和 BERT 嵌入的语义表示能力。在采用 POI 名称和 POI 地址语义属性相似度进行实体对齐判别的结果中,基于 BERT 的语义属性表达效果(Accuracy 分别为 0.77 和 0.54)要优于基于 Word2vec 的语义属性表达效果(Accuracy 分别为 0.70 和 0.49)。这表明 BERT 嵌入能够更好地描述 POI 文本数据中隐藏的语义信息,能够对实体对齐方法的语义相似度计算结果起到积极的影响。

表 5.11　词向量的构造方式对模型效果的影响

词向量构建方式	准确率
Word2vec(POI 名称文本语义相似度)	0.70
Word2vec(POI 地址文本语义相似度)	0.49
BERT(POI 名称文本语义相似度)	0.77
BERT(POI 地址文本语义相似度)	0.54

5.5.2　实体对齐方法评价

为训练实体对齐方法中的多属性相似度权值,利用训练数据集和算法 5.2 计算出各度量属性的权值优化结果,如表 5.12 所示。算法 5.2 的 PSO 参数设置如下:Part_n = 1000,Iter_n = 20,Speed = 0.1。度量属性的权值优化结果见表 5.12。

表 5.12　度量属性的权值优化结果

度量属性类型	权值数值
POI 地理位置相似度属性 α	0.426
POI 名称文本内容相似度属性 β	0.183
POI 地址文本内容相似度属性 χ	0.271
POI 名称文本语义相似度属性 δ	0.057
POI 地址文本语义相似度属性 ε	0.063

实体对齐分数的计算方程被训练为下面的方程:

$$\begin{aligned} \text{score}(p_1,p_2) = &\ 0.426 f(p_1,p_2) + 0.183 g_1(p_1,p_2) + 0.271 g_2(p_1,p_2) + \\ &\ 0.057 h_1(p_1,p_2) + 0.063 h_2(p_1,p_2) \end{aligned} \quad (5.33)$$

为分析和验证基于多属性相似性和 PSO 权重优化 POI 实体对齐方法的有效性,设计了一个对比实验。

表 5.13 展示了各个属性相似度度量方法对实体对齐结果的准确度影响。实验结果发现单一属性相似度度量的方法中,地理相似度具有最好的性能表现,表明地理信息更好地表示了各 POI 的自身属性。此外,通过简单的平均加权的方法来结合地理位置相似度、POI 名称文本重合度、POI 名称语义相似度、POI 地址描述文本重合度和 POI 地址描述语义相似度的实体对齐方法能够进一步提高实体对齐的准确率。最后,通过基于 PSO 的权值赋予算法的多属性度量方法达到了最优的 POI 实体对齐效果,表明基于多属性度量的 POI 实体对齐方法在位置服务应用场景下的有效性。

表 5.13　不同度量方法对实体对齐准确率的影响

方法	准确率
地理位置相似度	0.89
名称语义相似度	0.77
名称文本重合度	0.81
地址语义相似度	0.54
地址文本重合度	0.61
各度量属性的平均	0.95
PSO 优化各度量属性权值	0.99

5.5.3　位置服务数据整合示例

不同数据源中的位置服务数据会存在重复、缺失,且用户人数不同导致的分布不均匀的局限性。因此,没有简单地将不同数据源的数据信息进行整合,而是基于 5.4.4 节给出的数据整合策略在完善信息的同时保证了客观性并避免了重复信息。表 5.14 为一个根据实体对齐结果的数据整合示例。

表 5.14　位置服务数据整合示例

应用	POI 名称	POI 地址	POI 类型	评分	联系电话
百度地图	小油饼老菜坊（幸福街店）	长春市南关区幸福街 1082 号	饺子馆	3.8	0431-81928987
高德地图	小油饼老菜坊（旗舰店）	长春市南关区幸福街 1082 号（幸福嘉园对面）	中餐	4.0	0431-81928987
腾讯地图	小油饼老菜坊（旗舰店）	幸福街 1082 号	美食;中餐;东北菜	3.5	无
整合结果	小油饼老菜坊（幸福街店）/（旗舰店）	长春市南关区幸福街 1082 号（幸福嘉园对面）	饺子馆/美食;中餐;东北菜	3.8	0431-81928987/（0431)81928987

结果表明,数据整合后该 POI 实体在部分内容(POI 名称、POI 地址、POI 类型和电话号码)上具有了更全面的信息,并在用户评分内容中获得了更加客观的结果。这证明了,相较于存在缺陷的单一位置服务应用的数据源中的 POI 实体数据,整合后的数据具有更全面、客观的信息。

5.6 本章小结

针对城市感知中低质城市数据整合与处理,本章开展了两个方面的工作,分别用于解决多源城市数据处理与管理环节所面临的信息缺失和多源位置服务数据分布不均匀的局限性。在关键问题阐释部分,对上述问题进行了解析,并介绍了POI城市功能信息补全方法与多源位置服务数据整合方法的解决思路。在相关技术基础上,设计了基于短文本扩展的POI城市功能信息补全方法和基于实体对齐的多源位置服务数据整合方法,并对两种方法分别进行了性能评价实验。接下来对两部分工作进行小结。

(1)针对位置服务信息存在POI城市功能信息缺失及错误的情况,将隐藏更多特征信息的POI名称文本数据作为特征计算内容。由于POI名称文本的字符数少、特征稀疏,采用一种基于搜索引擎与SiteQ改进算法的短文本扩展方法,并利用引入注意力机制的深度CNN模型构建POI城市功能判别模型,通过多尺度滑动窗口策略增强特征提取能力,使判别模型具有更好的泛化能力。利用公开的北京POI数据开展多角度实验来评价所提方法。与基线方法对比发现,本方法在该数据集上实现的POI城市功能自动判别的准确率、召回率和F1分值表现良好。相比基于统计学习的模型,在深度卷积神经网络的基础上引入基于搜索引擎和SiteQ算法的文本扩展和输入举证注意力计算后的模型性能得到显著提高。因此,本方法在位置服务数据处理环节中能够帮助自动判别POI的城市功能类型,实现信息的补全及纠正。

(2)由于不同地图应用的兴趣点实体数据完善程度不同,可能存在某些地图应用存在缺失数据的情况,设计基于实体对齐的多源位置服务数据整合方法。相较于简单的加权平均,使用PSO群智能算法能够快速地获得更好的综合多属性相似度评分的权重,这使基于这种集成学习的方式提高了实体对齐的判别性能。根据基于多属性度量的实体对齐结果的数据(文本数据和用户评分数据)整合结果发现,本方法能够为用户提供更加全面、客观的位置服务信息。

上述两项技术方案,能够从信息补全与纠正和非均匀分布数据整合两个方面助力城市感知方法及技术应用,使城市数据具有更高的质量和更好的可利用价值。

第6章
实体关系表示与城市知识提取技术

大规模文本数据的关系提取是自然语言处理的关键问题之一。面向互联网大规模数据资源,本章给出一种基于远程监督和深度学习的关系提取模型(ARCNN)用以提取城市实体关系及更多类型的实体关系知识。ARCNN基于远程监督学习构建实体对包,来解决大规模数据存在的计算复杂度和时间成本高的情况。设计基于BERT和实体位置的嵌入方法,提升输入文本的特征表达能力,并基于注意力矩阵改进实体对包的标记注意参数,来缓解远程监督学习产生的错误标签问题。

6.1 关键问题阐释

6.1.1 问题解析

随着互联网和智能硬件的快速普及,数据呈爆炸式增长。如何将互联网数据资源用于完善人类知识体系是一个关键问题。另外,从网络数据资源中获取高质量的知识及信息,也带动了基于计算机科学与各学科融合的研究工作。无效信息过滤[193]、知识提取[194]、数据连接[195]等方面的研究工作均取得了一定进展。对互联网数据资源采用知识图谱的相关技术能够实现知识表达。以Wikipedia为例,其作为互联网上的百科全书蕴含大量知识。以Wikipedia为基础构建的知识图谱Wikidata包含各种结构化的知识,这些知识采用三元组表达。每

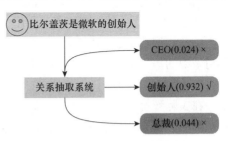

图6.1 一个关系抽取执行过程

比尔盖茨和微软为句子中的两个实体,经过关系抽取系统(RE System)对句子中的实体关系进行了概率输出,抽取概率结果最大的关系。

个三元组包含两个实体对和一个关系,如图 6.1 所示。从数据资源中抽取出实体间的关系被称为 RE,是自然语言处理的核心任务之一。

当前从互联网数据资源进行关系提取工作面临许多难点[196]:①面对规模庞大的数据,单纯地采用人工精确标记的数据来训练模型,需要耗费大量的人力和时间成本,这需要一种适用于大规模数据的模型构建方式。②RE 模型需要具有应对复杂语境的能力,由于实际应用情况下,实体间的关系往往更加模糊与复杂,优秀的关系提取模型也应有效应对这类问题。③更好的学习表现,最重要的指标为在保持关系抽取准确率的同时,使模型具有更好的泛化性并能够应对日益更新的应用场景和多样的领域。

6.1.2 研究思路

基于远程监督学习的实体对包用于知识提取以节省计算资源,并通过深度神经网络、实体关系嵌入表示等技术分析与计算包中的信息、降低噪声信息的影响,以优化知识构建效果。本节针对互联网庞大、复杂的数据资源的关系提取进行研究,基于远程监督学习来解决数据规模庞大的问题。本节设计的关系提取方法采用 BERT 模型构建 Token 嵌入、Segment 嵌入和 Position 嵌入来实现特征表达。更丰富的特征表达被用来优化模型应对复杂语境的能力。面对互联网资源中的大规模数据采用远程监督学习实现知识关系抽取而产生的数据噪声问题,我们通过降低错误标签对模型参数的影响力,进一步提升关系提取效果。

6.1.3 相关技术基础

早期的关系提取工作主流方法为:模式提取模型和统计关系提取模型。随着硬件的革新和算法的进步,基于深度学习的关系提取模型开始成为主流。2014 年 Zeng 等首次基于深度学习技术,采用 CNN 进行关系提取工作[118],为深度网络模型的关系提取奠定了工作基础。2016 年 Zhou 等基于 LSTM 并引入注意力机制获取句子中的语义信息来构建关系提取模型,在不引入先验知识的情况下表现了优异性能[119]。

在实际环境中无法为每个数据样本进行人工标记,采用多示例学习对具有某种特征的数据样本集合进行标记能够大幅节省模型构建成本。基于 MIL 等提出的一种适用于关系提取任务的远程监督学习方法[197],在构建包(bag)的情况下,只需要确定实体对的包的关系即可完成关系判断,这对大规模数据资源条件下的关系提取具有里程碑式的意义。远程监督关系提取假设,如果知识库中包含特定两个实体的某句话属于某种关系,那么所有包含这两个实体的句子都属于这种关系。但是,直接基于远程监督学习来进行关系提取会存在错误标签(wrong label)问题。这是因为,同一实体在不同语境下存在多种关系,而武断地进行统一标定具有不合理性。很多被用来构建知识库的方法都需要大量标注好的训练数据,这需要大量人力(图6.2)。

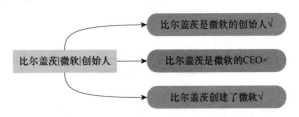

图6.2 基于远程监督学习的关系提取实例

[实体对为比尔盖茨和微软,远程监督学习将全部包含实体对的句子的关系事实标记为(比尔盖茨|微软|创始人),但是其中存在错误标签的噪声数据。]

为改善远程监督学习面临的错误标记问题,当前主流方法为选择信息实例:Zeng等基于at-one-leat假设,结合MIL和分段卷积神经网络(piece-wise convolutional neural network,PCNN)来选择最有可能是正例的句子,达到减少错误标签样例的目的。在PCNN中,每个包只有一个示例被真正利用,这导致一定程度的资源浪费[121]。Lin等提出一种名为PCNN-att的关系提取模型[122]。PCNN-att在PCNN的基础上,引入句子级别的注意力机制,通过分配给句子不同的注意力权重来提取所有句子的有效特征。PCNN-att将每个包中的所有示例利用起来,依据注意力为每个示例赋予权重,可信度高的示例赋予更大的权重,对模型参数的更新贡献也更大。反之,可信度低的示例分配的权重较小,对参数更新贡献小,即使其为噪声数据,对结果的影响也会很小。Qin等采用融入实体描述信息和Dropout策略使关系提取的效果得到更好地提升[197]。其他为降低错误标签对关系提取的负面影响的相关工作,如引入外部知识库[198-199]和添加更细致的计算与优化训练策略[200]的方法也被热切地研究。

结合前人贡献,本节以深度学习为基础结合实体标签信息和示例注意力计算设计出ARCNN关系提取模型。

6.2 大规模数据条件下的城市关系知识提取模型

6.2.1 模型架构

ARCNN模型结构如图6.3所示,共分为如下几个部分。

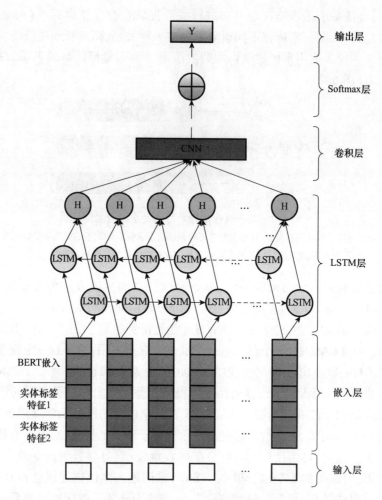

图 6.3 ARCNN 关系提取模型结构

输入层(Input Layer):用于输入 ARCNN 模型以提取实体关系知识的语料文本。

嵌入层(Embedding Layer):嵌入层被用来构建输入的表达。将实体信息与 BERT 嵌入模型结合。首先,利用实体标签特征来获取句子中两个实体的信息;其次,采用基于 BERT 预训练的模型来实现 Token 嵌入、Segment 嵌入和 Position 嵌入。

LSTM 层(LSTM Layer):采用双向 LSTM 提取输入嵌入在时间上和序列上的语义特征。

卷积层(CNN Layer):采用 CNN 对输入嵌入进行局部特征提取,获取更丰富特征。

Softmax & 输出层(Sofmax & Output Layer):通过 Softmax 函数实现最终的关系判断。

6.2.2 多特征输入构建与表示

嵌入层将输入文本转换为嵌入向量来表达语义信息,以用来后续的特征提取工作。首先,基于预训练的 BERT 模型来表达文本的 Token、Segment 和 Position 信息;其次,采用句子中的两个实体的 Token 信息来补充实体标签特征。

1. BERT 嵌入

模型的输入特征构建方面,采用预训练好的 BERT[107]来表述文本特征。将输入文本通过查找预训练好的词嵌入模型获得嵌入。BERT 是由多层双向 Transformers[161]搭建得来的,由 Token 嵌入、Segment 嵌入和 Position 嵌入组合构成嵌入。BERT 输入表示如图 6.4 所示。BERT 采取"masked language model"(MLM)策略,通过随机掩盖(Mask)输入部分 Tokens,并在预训练中对它们进行预测计算。这样做的好处是 BERT 学习到的表征能够融合两个方向上的内容序列特征。

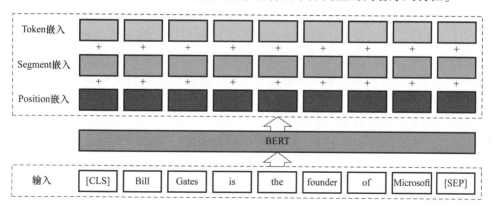

图 6.4 BERT 嵌入表示

其他技术细节请见第 4 章内容。

2. 实体标签特征

基于 Qin 等的贡献采用一种简单但合理的方法来指定哪些输入标记是输入句子中的实体词汇[198]。<e1S>,<e1E>,<e2S>,<e2E>分别表示两个实体的起始嵌入和终点嵌入。构建 4 个 ETF 向量来表述实体标签特征,分别为当前位置单词到 e1 和 e2 实体的首尾相对距离。图 6.5 为相对距离的例子。对这 4 类嵌入位置关系的向量(随机初始化且与 BERT 嵌入具有相同的维度)与 BERT 生成的嵌入拼接实现最终的输入表示。

如图 6.5 所示,Bill Gates 和 founder 的关系距离<e1S>是-4,Bill Gates 和

founder 的<e1E>关系距离是-3,Microsoft 和 founder 的关系距离<e2S>是 2,Microsoft 和 founder 的关系距离<e2E>是 2。

实体标签特征的构建表示如下：

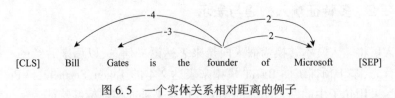

图 6.5 一个实体关系相对距离的例子

$$embs = \{emb_1, emb_2, \cdots, emb_T\} \quad (6.1)$$
$$emb_1 = (BE_i \oplus ETF_{i1} \oplus ETF_{i2}) \quad (6.2)$$

句子 S 的嵌入表示为 *embs*。其中 emb_i 为第 i 个单词的输入表示，ETF_{i1} 为第 i 个单词与一个实体的相对距离向量，由两个向量组成。

6.2.3 双向长短期记忆网络

LSTM 层采用双向 LSTM 来提取输入表示在序列上和上下文的语义特征。LSTM 在 RNN 结构具备的输入单元和输出单元基础结构外，还添加了 cell 和遗忘单元结构。cell 和遗忘单元能够帮助 LSTM 更好地保留有效信息并遗忘噪声信息。

在 t 时刻,LSTM 计算内容如下：

$$i_t = \sigma(W_{xi}x_t + W_{hi}h_{t-1} + W_{ci}c_{t-1} + b_i) \quad (6.3)$$
$$f_t = \sigma(W_{xf}x_t + W_{hf}h_{t-1} + W_{cf}c_{t-1} + b_f) \quad (6.4)$$
$$c_t = f_t c_{t-1} + i_t \tanh(W_{xc}x_t + W_{hc}h_{t-1} + b_c) \quad (6.5)$$
$$o_t = \sigma(W_{xo}x_t + W_{ho}h_{t-1} + W_{co}c_t + b_o) \quad (6.6)$$
$$h_t = o_t \tanh(c_t) \quad (6.7)$$

式中：x_t 为 t 时刻 LSTM 网络的 *embs* 输入嵌入；h_t 为 t 时刻 LSTM 网络的隐藏信息；i_t 为时刻 t 时输入单元计算结果；f_t 为时刻 t 时遗忘门的计算结果；c_t 为时刻 t 时 cell 的计算结果；o_t 为时刻 t 时的输出单元的计算结果；σ 为 sigmoid 函数,用于表达非线性特征；$W_{xi}, W_{xf}, W_{xc}, W_{xo}$ 为 x 不同的待训练的权值矩阵；$W_{hi}, W_{hf}, W_{hc}, W_{ho}$ 为隐藏单元 h 不同的待训练的权值矩阵；b_i, b_f, b_c, b_o 为每个单元的贝叶斯偏置。

第 i 个单词在正向 LSTM 和反向 LSTM 的隐藏单元输出分别表示为 $\overrightarrow{h_i}$ 和 $\overleftarrow{h_i}$。然后通过矩阵拼接的方式获得通过 BLSTM 的第 i 个单词隐藏特征 $h_i = \overrightarrow{h_i} \oplus \overleftarrow{h_i}$。

6.2.4 卷积神经网络

通过 LSTM 层获得特征矩阵 $H = \{h_1, h_2, \cdots h_n\}$，$n$ 为输入句子的单词长度，H 被用来作为 CNN 的输入。CNN 在局部特征提取的效果优秀，因此我们采用其进一步提取语义信息。卷积计算方式如下：

$$c_i = \sigma(\sum W \cdot X_{\text{con},i:i+k-1} + b) \quad (6.8)$$

式中：c_i 为卷积层的特征提取结果；$c_i(i=1,2,\cdots,n-k+1)$ 为卷积运算后的结果；k 为窗口大小；$X_{\text{con},i:i+k-1}$ 为输入的第 i 个到第 $(i+k-1)$ 个窗口内的向量矩阵；W 为权值矩阵；b 为偏置矩阵；σ 为 Sigmoid 激活函数。

卷积结果集合表示为 $c = \{c_1, c_2, \cdots, c_{i+k-1}\}$。

然后采用最大池化操作，对卷积操作提取的特征进行压缩并提取主要特征，将池化得到的最大值进行拼接，得到一条一维特征向量 $\hat{c}$，池化操作如下：

$$\hat{c} = \text{maxpooling}\{c_1, c_2, \cdots, c_{n-h+1}\} \quad (6.9)$$

式中：$\hat{c}$ 为最大池化运算后的结果。

6.2.5 基于实例注意力计算的噪声信息过滤

我们通过对示例进行注意力建模来缓解远程监督学习具有的错误标签问题。我们选择文献[197]的方式，通过引入注意力机制对卷积计算后的样本数据建模。

将通过编码器的样本集合表示为 $S = \{s_1, s_2, \cdots, s_n\}$。根据实体对种类，将样本集合映射到 Bag 空间 $B = \{b_1, b_2, \cdots, b_m\}$，即将包含同一实体对的样本放在同一个 Bag 中。

样本 i 经过 RCNN 得到的特征矩阵表示为 s_i，s_i 作为注意力机制的输入。注意力机制对样本的计算过程表示为

$$v = \sum_i a_i s_i \quad (6.10)$$

式中：权重 a_i 可由 softmax( ) 得到

$$a_i = \text{softmax}(e_i) \quad (6.11)$$

式中：e_i 为兼容函数其表示形式如下：

$$e_i = s_i A r \quad (6.12)$$

式中：A，r 分别为待训练的权重对角矩阵与代表关系的向量。最后，模型的最终输出为 $p(r|V,\theta)$，表示实例的预测结果：

$$p(r|V,\theta) = \text{softmax}(o_r) \quad (6.13)$$

式中:o 是模型最后一层的实体关系预测结果：
$$o = Mv + d \tag{6.14}$$
式中:M 为用于实体关系判别的 1 维矩阵;d 为偏置。

6.3 关系提取方法性能评价

6.3.1 实验设置

在实验环节,选择 Google 公开的 *New York Times* NYT 关系提取数据集[201]来评估 ARCNN 及基线关系提取模型。NYT 数据集中 2005—2006 年的语料被拆分为训练集和验证集两个部分,2007 年语料作为测试集。NYT 数据集共有 53 种关系(包含 NA 关系),数据集的细节见表 6.1。

表 6.1 NYT 数据集概况

集合类型	关系事实数	句子数	NA 关系数
训练集	122165	466876	344711
测试集	6444	172448	166004
验证集	14214	55167	40953

图 6.6 为实验数据的树形结构。每个样本包含实例的文本数据(Text)、实体对关系(Relation)和两个实体的信息(h,t)。两个实体都有当事人的 ID(ID)、当事人的姓名(Name)和实体的句子位置信息(POS)。

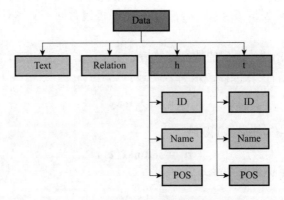

图 6.6 (见彩图)NYT 数据的树形结构

ARCNN 模型的优化函数选择的是 Adadelta 函数,ARCNN 模型的其他超参数设置见表 6.2。

表 6.2 ARCNN 模型的超参数设置

超参数	数值
词嵌入维度(BERT)	300
POS 嵌入维度	20
学习率	0.0003
过滤器数量	64
LSTM 单元数量	256
Dropout	0.2
过滤器大小	3
Batch 大小	256

6.3.2 评价指标

为评价 ARCNN 模型,将 4 种模型作为基线对比模型。进行了 held-out 评估来比较各个模型的性能。

Mintz[197]是早期的远程监督关系提取模型。

MIML[201]是结合多个实例和多个标签关系的关系提取模型。

PCNN[121]是一种基于卷积神经网络和池化的深度神经网络关系提取模型。

PCNN-att[122]是在 PCNN 模型的基础上引入注意力计算的关系提取模型。

图 6.7 展示了不同模型的 Precision/Recall 曲线,实验结果说明了 ARCNN 模型

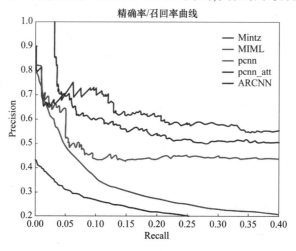

图 6.7 （见彩图）ARCNN 模型 Precision/Recall 曲线的基线对比实验

相较于其他模型表现得更加优异。相较于其他三组基于深度学习的模型,Mintz 和 MIML 的模型表现更弱,这表明基于特征的方法在面临关系提取任务时不如基于深度学习的方法。在基于深度学习的关系提取模型的比较方面,PCNN-att 在引入实例注意力计算后对模型性能起到了积极作用。ARCNN 的性能是最优的,这表明 BLSTM 和 CNN 的结合可以增强关系提取模型的序列特征提取能力。

6.3.3 结果分析

表 6.3 给出了提取的前 N 个实例的评估 Precision(%)。实验结果表明,相较于其他基线模型,基于深度学习和远程监督学习的 ARCNN 模型具有最好的模型表现。通过观察实验结果,当 Top N 随着 N 的数量提升,各模型的性能逐渐下降,这表明大规模数据中包含的噪声将对关系提取的性能产生负面影响。此外,引用注意力机制构建的 PCNN-att 和 ARCNN 模型的性能优于其他基线模型,这表明实例注意力计算能够缓解噪声数据产生的错误标签问题。ARCNN 相较 PCNN-att 整体性能更好,这证明了 ARCNN 模型结构的优势。

表 6.3 不同句子数的实体对关系提取的 Precision 单位:(%)

Top N	Mintz	MIML	PCNN	PCNN-att	ARCNN
Top 100	54.4	61.4	72.4	76.2	78.2
Top 200	49.7	55.9	65.1	69.3	71.6
Top 300	43.5	49.1	58.8	62.7	66.9
平均	49.2	55.5	65.4	69.4	72.2

6.4 本章小结

针对大规模数据的远程监督学习关系提取含有错误标签的问题,本章设计一种名为 ARCNN 的远程监督关系提取模型。实验结果表明,我们的模型优于其他基线模型,证明采用本方法过滤噪声数据能够对关系提取工作起到了提升性能的作用。未来的工作中,我们将考虑结合强化学习的方法构建城市数据提取模型,解决城市感知与构建城市为位置服务方面的问题。此外,理论上,通过引入外部知识库并构建先验知识,能够进一步提升关系抽取方法及模型在城市计算及相关特定领域的知识提取效果,是未来专业城市知识服务的重点方向。

第7章
服务应用构建技术

本章针对城市服务应用构建,开展了两个方面的工作。一方面,实现了基于网格模型的区域通行特征分析及趋势预测技术,通行特征信息同时受交通事故、恶劣天气等难以预测的因素影响,具有很明显的随机性和复杂性,分析预测交通信息是一项富有挑战的任务,其中路段行程时间和车流量是两个重要的区域通行特征信息,可以衡量道路运行效率和车辆分布状态,是智能交通系统的重要组成和基础数据,对交管部门和出行者具有重要的指导意义。另一方面,实现了基于多智能体的城区人群迁移分析技术,考虑影响疏散迁移的因素,构建基于多智能体的疏散仿真模型,用以建立行人迁移模型有助于简化行人迁移行为分析的过程,并通过仿真模拟准确、有效地反映行人的运动行为。

7.1 关键问题阐释

7.1.1 问题解析

城市服务应用构建技术涉及交通、能源、环境、娱乐等不同领域,针对不同领域的关键技术难题,设计合理、高效、专业的解决方案,搭建智能、精准、有效的位置服务应用,能够推进城市信息化、智能化、数字化建设。本章以城市交通为问题场景,围绕流量预测和应急疏散场景两个关键技术,给出解决方案。具体问题如下。

1) 构建具备海量交通数据深层特征挖掘和高准确率的流量预测模型

路段行程时间作为衡量道路运行效率的重要指标,是一种常用的交通信息。一方面,交管部门利用路段行程时间预测结果可提前对拥堵路段做出预警,引导车辆避开拥堵、选择更通畅道路,减少出行者排队延误时间;另一方面,出行者关注的是出发地到目的地所需时间,路段行程时间的预测结果可辅助出行者规划合理的出行时间和路线。交通流量是反映道路运行状态和车辆分布最直接的指标,交通流量的预测是实现交通流量有效引导与控制的基础。通过对城市区域交通流量的特点分析,控制区域交通流量时空相关性,准确地预测出交通拥挤的时间段及区域。使用有效的管控手段调节车辆的时空分布,可以为智能交通的发展提供帮助,能够有效规避交通拥堵的发生。路段行程时间和交通流量作为两个重要的交通信息,是智能交通系统的重要组成和基础数据,对交管部门和出行者具有重要的指导意义。

2)针对应急事件响应,分析预测人群迁移行为并建立仿真模型

提高紧急疏散迁移效率的一个重要手段是开展疏散迁移演习,即在日常情况下模拟紧急事件发生时的状态,引导规划行人进行疏散迁移。但单纯地疏散迁移演习存在弊端,紧急事件的不可复现性和难以预测性,使演习往往与真实情况有较大差距,因此需要更加科学有效的方法来提高紧急疏散迁移的效率。疏散迁移过程的重点在于如何预测行人在紧急状态下的迁移行为,行人迁移行为指的是特定场景下行人迁移的一般规律。通常行人在迁移前会对周边较大区域进行预评估,从中选择一条行人主观认为最适合的路径。但环境的动态多变性以及行人决策的复杂性,使传统的数学公式推导方法较难有效地分析行人迁移的特点。定性和定量描述行人的迁移行为是研究重点。

7.1.2 解决思路

1. 区域通行特征分析及趋势预测

智能交通系统是公认的缓解交通拥堵、改善出行体验的有效途径之一。它是指利用各种先进技术解决交通领域问题,加强交通中道路、车辆、人三者之间的联系,构建一个安全高效、环保节约的交通系统。分析预测区域通行特征是研究智能交通系统的重要部分,区域通行特征可以有效地反映某一时空状态下的交通状况。其中,路段行程时间和车流量是两个重要的区域通行特征信息,可以衡量道路运行效率和车辆分布状态,是智能交通系统的重要组成和基础数据,对交管部门和出行者具有重要的指导意义。通行特征信息同时受交通事故、恶劣天气等难以预测的因素影响,具有很明显的随机性和复杂性,分析预测交通信息是一项富有挑战的任务。现有方法非线性拟合能力有限,难以挖掘出海量交通数据蕴含的深层特征,预测精度不能满足要求。随着深度学习方法的发展,为区域通行特征信息分析预测领域带来了新的思路。在区域通行特征分析及趋势预测方面,笔者给出的技术路线为一种基于深度学习方法,主要包含如下内容。

设计并实现了一种基于时空相关性矩阵和长短记忆神经网络的路段行程时间预测模型。该模型针对已有方法受自身结构影响无法学习到时序数据中的深层依赖关系、忽略相邻游路段之间空间相关性而导致预测精度较低等问题,分别利用长短记忆神经网络和时空相关性矩阵挖掘路段行程时间中长时间依赖关系和相邻路段

之间空间关系,构建包含时间和空间两个维度的网络模型。

设计并实现了一种基于卷积循环神经网络的城市区域车流量预测模型。针对已有方法在预测过程中该模型只关注单路段车流量预测,忽略各区域间的空间相关性的问题,利用循环神经网络在处理图像数据和长短记忆神经网络在处理时序数据上的优点,分别挖掘区域间车流量在空间上的相互关系和区域内车流量在时间上的依赖关系;此外,采用基于经纬度的分割方法和网格统计将整个城市车流量转换为一系列静态网格图像,在此基础上实现对整个城市车流量的预测。

2. 城区人群迁移行为分析

通过分析行人个体的生理、心理和行为特征以及群体疏散迁移特性,对传统社会力模型进行改进,对行人恐慌程度进行量化表达,将恐慌因子加入社会力模型,以数学表达式的形式来描述行人行为。将社会力模型与多智能体模型结合,建立紧急情况下的多智能体疏散迁移模型,以社会力作为智能体行为模型的规则。针对城区人群迁移行为分析的场景是发生紧急事件的公共场所,在疏散迁移过程中添加了工作人员作为引导员,分析引导作用对疏散迁移过程的影响,最后对建立的模型进行仿真模拟,并对实验结果进行分析。主要包含如下工作。

对于紧急情况下行人的运动特征,通过参考心理学、行为学的相关文献,对紧急情况下疏散迁移过程中个体的行为特性和群体行为特性进行分析,并使用智能体来模拟行人。在疏散迁移过程中添加恐慌程度较小的引导者,建立社会力模型作为智能体的迁移规则,并将社会力模型与多智能体模型相结合,提出紧急情况下的多智能体引领者模型。针对不同类别疏散智能体的特性,根据不同的行人的疏散行为,按其属性和疏散特性进行分类,构建有无心理压力、有无疏散引导作用的乘客疏散感知、决策和行为规则模型,以确保不同类型智能体根据收集到的信息采取相应的疏散行为。

将地铁站台作为案例仿真场景,使用仿真平台对场景进行构建,并应用建立的多智能体模型,包括智能体的属性、行为规则等。通过疏散时间、各区域行人密度与速度和行人绕行距离等指标,分析疏散过程中的行人迁移行为,以及恐慌程度和引导作用对疏散过程的影响。

7.1.3 相关技术基础

1. 路段形成时间分析预测

路段行程时间是指车辆从路段一端到达另一端所用的时间。受交通信号灯、交叉口延误、恶劣天气等多重因素影响,路段行程时间具有高度复杂性和随机性,路段行程时间预测是一项极具挑战的任务,一直是智能交通领域的热门研究课题。

路段行程时间预测大致可分为3个阶段:数据收集与处理、模型训练和模型预测。根据数据收集来源的不同,主要分为两大类:一类是点检测,主要包括线圈感应器、微波探测器等,利用获取的单点速度,推算路段平均行程时间;另一类是间隔检测,主要包括浮动车(搭载GPS的车辆)和视频自动检测,可以直接获取点到点行程时间。预测可分为长时预测和短时预测。长时预测以季度或年为单位,用于研究道路通行状况的长期变化;短时预测以天或小时,甚至是分钟为单位,用于交管部门道路引导和出行者路线规划。模型训练作为3个阶段中最重要一步,决定着预测效果的好坏。根据所选择模型不同,可分为朴素模型、交通理论模型、数据驱动模型、参数模型和组合模型。

朴素模型作为早期最简单模型,不需要训练过程和参数估计,常被用作基准线与其他复杂模型进行比较。朴素模型主要包括瞬时预测、历史趋势预测和混合预测。瞬时预测方法假设路段在短时间内不会发生变化,直接将最近行程时间估计值作为预测结果,但随着预测周期变长,该方法是不可靠的。混合预测模型是一种基于瞬时预测和历史趋势预测的方法,Schmitt等提出在瞬时预测和历史趋势预测之间设置一个转换,短时预测用瞬时预测,中时预测用历史趋势预测[202]。历史趋势预测方法假设某时刻行程时间与历史相同时刻行程时间相似,将历史同时刻数据取平均值作为预测结果。Kwon等提出了一种基于当前时刻与历史时刻相似度的加权历史平均法,同时还考虑了历史趋势信息,但该方法不适用于非平稳路况[203]。朴素模型有严格的条件假设,如道路短时间内不会发生变化、具有明显周期性规律等,但受交通事故、天气状况等因素影响,这些假设大多数无法满足,所以该类模型常用于商业出行软件。

交通理论模型关注于对未来时刻交通状况的复现,利用已观察交通状态和变量值推导出未来路段行程时间,大多采用各种仿真工具进行预测。交通理论模型主要包括宏观仿真模型、微观仿真模型、延迟公式和排队论等。宏观仿真模型通过模拟未来时刻流量、密度和平均速度等交通变量,应用流体理论方程对交通进行建模,METANET是一个典型宏观仿真软件,但该模型不能直接产生预测结果[204]。微观仿真模型利用两种典型方法来描述路网中交通分布,一种是起止点矩阵,描述从每个可能起点到每个终点的交通流量;另一种是转向量,描述交叉口每个方向转弯的车流量百分比。微观模型利用起止点矩阵或转向量作为输入,并考虑车辆间相互作用、驾驶员习惯和换道等因素,直接对未来行程时间进行预测。高林杰等提出了一种基于微观仿真模型的预测方法,微观仿真模型存在计算复杂、需提前准备起止点矩阵等问题[205]。延迟理论和排队理论作为交通理论模型的基础,主要用于车辆在拥堵或交叉路口等情况下的延误预测,尤其是在城市复杂路网,但不适于具体的路段行程时间预测[206]。

数据驱动模型的目标函数不依赖于交通理论,而是由数据本身通过统计和机器学习方法确定的。其优点是不需要交通领域的理论知识,只需要大量数据和合适算法,缺点是模型只针对特定场景,一般不具备通用性。随着获取的交通数据越来越丰富,计算能力越来越强大,数据驱动模型成为近些年来行程时间预测领域的研究热点,研究人员提出了大量方法,主要包括参数模型、非参数模型和半参数模型。

参数模型是指用于描述目标函数的参数需要事先定义并设置在一个有限维空间中。第一种最典型参数方法是线性回归模型,其目标函数是关于输入参数的线性函数。根据所用参数和优化方法不同,可以定义不同线性回归函数。输入参数可以是当前和过去时间间隔的交通观测量,也可以是根据预测周期不同使用的瞬时或历史观测数据[207]。参数优化方法包括最小二乘法[208]和熵最小化方法[209]。第二种是贝叶斯网络模型,Lee 等假设输入参数对于给定目标函数是条件独立的[210]。第三种是时间序列模型,根据观测到的时间序列数据,通过不同状态空间和参数估计建立预测模型。Liu 等提出卡尔曼滤波方法,将回归问题转化为状态空间形式,通过最小化方差求最优解,不断更新预测结果,显示出较好的在线学习能力[211]。Billings 等提出自回归积分滑动平均(autoregressive integrated moving average,ARIMA)模型,利用历史行程时间序列数据拟合出一个时序模型,逐一预测未来行程时间[212]。参数模型结构简单,易于理解,但对于复杂道路交通,该模型非线性拟合能力有限。非参数模型是指模型结构不是事先定义,具体参数是从数据中获取。非参数不是指没有参数,而是指参数类型和数量都是未知的。在众多非参数方法中,最常见的就是人工神经网络。学者提出大量不同类型的神经网络用于路段行程时间预测,从普通前馈神经网络,到结构较复杂的谱基神经网络、反向传播网络、广义回归网络、卷积神经网络[213],到近年来热门的深度神经网络,包括自编码器模型、深度信念网络、循环神经网络[214]。神经网络模型存在训练收敛速度慢,容易陷入局部最优解等问题[215]。还有其他非参数方法,如Nikovski 等提出了一种基于回归树的非参数预测模型,采用自上而下迭代方法,每次迭代训练集中最佳划分数据产生新分支[208]。Chang 等提出一种局部回归方法,选择一组与当前情况相似的历史数据,利用这些数据构建模型得到预测结果[216]。Sousa 等提出支持向量回归,该方法使用核函数将原始数据映射到一个高维空间,找到最佳线性可分平面,再将这个线性函数映射到原始空间得到一个完整非线性函数用于最终预测[217]。支持向量机适用于小样本,且计算复杂,无法挖掘出海量数据中的深层特征。半参数模型是一种基于参数回归和非参数回归的组合,通过放宽一些参数模型的前提假设来获取一个更加灵活的结构。Lee 等提出了一个典型的非参数变系数回归模型,它将行程时间定义为历史预测和瞬时预测的线性函数,主要的参数是出发时间和预测周期,但预测函数中仍存在未知结构的参数,所以它是一个半参数模型。半参数模型的结构需要预测定义,拟合能力欠缺[218]。

组合模型分为两类:一类是数据预处理和预测步骤组合的阶段组合模型;另一

类是预测结果组合的结果组合模型。阶段组合模型分为两步:第一步,使用聚类或主成分分析法减少原始数据特征维度,获取一个新的简化数据集;第二步,使用聚类对不同交通状态或者场景进行识别,为每种情况建立不同预测模型。Yildirimoglu 等提出一种基于高斯混合函数和随机拥堵函数的组合模型,前者用于数据聚类,后者用于预测[219]。Elhenawy 等采用一种基于 K-均值算法和遗传规划算法的组合模型,前者对数据聚类,后者为不同簇选择最佳预测函数[220]。结果组合模型常见方法有 3 种:第一种是使用元模型,如利用 boosting、bagging 或贝叶斯方法将多个元模型组合在一起[221]。第二种是交通理论模型和数据驱动模型的组合,Hofleitner 等提出一种基于交通流理论的动态贝叶斯网络对预测模型参数进行估计[222]。Domenichini 等提出一种基于数据驱动模型和交通理论模型的组合方法[223]。第三种是不同数据驱动模型组合,Li 等提出了一种 K-均值聚类、决策树和神经网络的组合模型对高速公路行程时间进行预测[224]。Ye 等利用神经网络对瞬时朴素模型、指数平滑模型和 ARIMA 模型预测进行融合,在不规则数据上获取可靠预测结果[225]。单个模型往往不能考虑到道路交通中所有情况,不同场景下预测精度也会有很大差别,几个相同或不同类型的模型组合在一起,就可以扬长避短,获得更加精确而稳定的预测结果,但组合模型中单模型的预测效果决定了最终预测精度的上限,且组合模型间权重值难以确定。

基于这些问题,本书采用了一种基于路段时空相关性的分析方法,将目标路段历史数据的时间相关性以及其与相邻路段的空间相关性充分结合,在考虑行程时间数据时序性的同时,最大限度地保留路网中路段间的空间拓扑关系,从而更加准确地描述真实情况下的路段行程时间。

2. 交通流量分析预测

交通流是指道路上连续行驶车辆所形成的流,是智能交通系统的核心环节和基础数据。交通流可用交通流量、速度和密度进行描述,其中交通流量使用最多,最能够直观地反映道路上车辆数目和运行状况,通常交通流预测指的就是交通流量预测。能否利用各种模型准确地预测道路未来交通流状况决定着动态交通管制和出行引导的效果,因此交通流量预测一直是智能交通系统的研究热点。交通流预测可分为短期、中期和长期预测。中期和长期预测规律性强,模型易于训练,预测效果较好,常被城市规划部门用来判断道路规划效果。短时预测有时间跨度短、影响因素多、规律性差等缺点,预测难度大,主要用于交管部门交通管制和道路引导。按照模型结构类型和所使用理论基础不同,大致可分为传统统计理论模型、人工智能理论模型和组合模型三大类。

传统统计理论模型认为道路交通流虽随时间不断变化,但蕴含一定周期性和趋势性规律,在此基础上对所获取历史数据进行处理和挖掘,可获得不错的预测效果。传统统计模型主要包括历史平均模型、时间序列模型和状态空间模型等。历史平均模型是最简单的一种,该模型认为未来时刻交通流与历史数据中同时期交通流具有很强的相似性,因此直接将历史数据平均值作为预测结果[226]。这种方法过于简单,没有考虑到交通流突变性,因此没有实际应用价值。时间序列模型是通过分析时间序列数据中所蕴含周期性和规律性特征,构建状态-空间方程,推导出未来时刻交通流信息。该模型主要包括自回归移动平均模型、ARIMA 模型和季节性 ARIMA 模型[227]。时间序列模型易于实现,广泛应用在智能交通软件中。但该模型需要足够多历史数据,在数据缺失严重的情况下,效果往往不好。Okutani 等首先将卡尔曼滤波方法用于交通流预测,该方法通过状态方程对历史数据进行观测,过滤掉噪声和干扰影响,模拟出道路交通运行状态,最后用递推方式对未来预测[228]。传统卡尔曼滤波在预测过程中方差保持不变,在交通状况波动较多的情况下,预测效果会不稳定。针对这一不足,Guo 等提出了一种自适应卡尔曼滤波算法,能够在预测区间产生可行预测结果,尤其是在交通流剧烈震荡情况下,表现得比传统方法更稳定[229]。Ojeda 等提出了一种基于卡尔曼滤波的多步交通流预测模型,考虑过程和当前观测的随机性,采用了一种自适应方案,使预测过程在应对随机交通流时预测表现更加稳定[230]。传统统计理论模型结构简单,主要是利用交通流中稳定周期性规律,忽略了道路交通中随机性和不确定性。随着预测周期间隔变小,交通流不稳定因素增多,该类模型预测精度就会明显下降。

单个模型具有一定局限性和严格的条件假设,不可能应对任何交通场景和地区。一些模型预测精度能满足要求,也只针对特定场景和数据,不具有通用性。为了解决单一模型的不足,学者将不同类型模型组合在一起进行预测。不同类型模型可以挖掘出交通流中不同特征,组合起来可以扬长避短,提高整体预测精度。组合模型可分为模型构建阶段的组合(阶段组合)和基于预测结果的组合(结果组合)。阶段组合是指采用某种优化算法提高单个模型性能和精度,克服模型缺点。Vlahogianni 等指出对于特定交通流数据,研究人员无法一次就设计出最优网络结构,往往需要进行大量实验和试错,他们提出了一种基于遗传算法的多层结构优化策略,帮助神经网络选择合适结构,提高训练效率[231]。Hu 等采用粒子群算法对 SVM 参数进行优化,性能优于多元线性回归和反向传播(back propagation,BP)神经网络[232]。李建武等提出采用粗集理论对原始交通流数据进行处理,删除其中噪声数据,再用 SVM 进行预测[233]。结果组合是指对两个或两个以上模型预测结果分配不同权重,该权重可以是固定或动态变化的,根据预测时间跨度和场景进行调整。Zhao 等提出以灰色模型为基础进行数据建模,再利用神经网络强大拟合能力对模型进行修正,效果优于单个模型[234]。Tang 等提出了一种基于双指数平滑和 SVM 的组合模型,首先利用双指数平滑进行预测,使用 Levenberg-Marquardt 算法确定双指数平滑参数;其次利用 SVM 对预测结果与真实值的残差序列进行拟合,从而开展预测[235]。Kuang 等提出一种基于广义回归神经网络的组合模型,并采用最优组合法确定组合模型各自权重[236]。Zheng等提出了一种BP神经网络和径向基神经网络(radial basis function, RBF)的组合模型,并利用基于条件概率和贝叶斯规则的自适应权重分配方法对模型权重进行动态调整,确保总是选择最佳模型进行预测[237]。面对复杂性高的交通系统,单个模型能力有限,组合模型可以充分吸收不同模型的优点,更加全面描述交通系统的运行规律,是一种可行的预测方法。但组合模型结构相对复杂,单模型的选择存在困难,结果组合模型中不同模型的权重参数难以确定。

近年来,传感器技术和通信技术的快速发展,获取海量交通数据变得越来越便捷。同时计算能力的快速提高,为处理这些海量数据提供了技术保障。人工智能模型着眼于从数据本身出发,不需要事先设定模型结构,而是直接通过模型对数据进行训练,学习数据中所蕴含交通流特征,对未来状态进行预测。人工智能理论模型包括非参数回归模型、神经网络模型和SVM模型。非参数回归模型认为交通流特征都蕴含在历史数据中,未来时刻的交通流只需要利用历史数据中相似部分进行估计即可。该方法不需要复杂的数学建模和预定义模型结构。Clark等提出一种基于模式匹配技术的交通流预测方法,该技术利用多变量扩展的非参数回归模型研究交通状态中的特征[238]。Zhang等在分析城市高速公路交通流特点的基础上,设计一种基于K近邻算法的短时交通流预测系统[239]。Wu等提出一种基于时空信息的K近邻算法模型对交通流进行预测,结果表明比只考虑时间信息K近邻算法效果更好[240]。该类模型的缺点是,需要大量的历史数据,如果未来时刻的交通状况未出现在历史数据中,就无法精准预测,且模型计算代价大。神经网络模型相比其他统计模型和参数模型有两大优点:一是神经网络拥有数以万计的神经元来模拟交通流中未知关系,是典型的非参数方法;二是神经网络利用非线性激活函数对数据进行处理,拥有强大的非线性拟合能力。正是这两个优点,使神经网络模型成为近年来研究的热点[241]。Wang等提出一种基于改进BP神经网络的交通流动态序列预测模型,实验证明该模型适应性强[242]。Song等提出一种基于Elman动态神经网络的山区高速公路隧道交通流预测模型,该模型具有较强可操作性[243]。Huang等提出一种由深度信念网络和多任务回归所构成的深层预测模型[244]。Chan等针对大量传感器数据中存在与预测问题相关性较弱的部分,提出了一种基于模糊神经网络的预测模型,模型会对传感器数据进行筛选[245]。神经网络作为一种"黑盒",预测效果好,但是解释性差,训练过程需要大量数据且收敛速度慢。SVM作为经典机器学习算法,尤其适用于数据样本较少的情况,其利用核函数和凸优化进行预测。Li等提出一种基于时变结构的SVM预测模型,该模型在预测时需对SVM结构重构,适用于交通流量时变性[246]。崔艳等首先利用小波分解将交通流处理为高频和低频两部分,其次用SVM对两部分训练和预测,再对预测结果进行小波重构,得到最终结果[247]。SVM非线性拟合能力强,但核函数选择比较困难,模型计算复杂度高。

3. 紧急疏散迁移

紧急情况下的群体迁移行为一直是人群迁移行为的研究重点。Kikuji Togawa 在 1955 年通过对紧急情况下的人群行为进行分析,提出了疏散迁移时间公式[248]。公式的提出不仅成为群体疏散迁移研究的开端,而且还为后续专家学者研究疏散迁移提供了理论基础。在疏散迁移仿真模型研究方面,Fruin 在 20 世纪 70 年代首次提出了宏观模型概念[249],其特点是提出要将人群作为一个整体进行疏散迁移仿真研究,这一模型的提出拉开了国内外研究人员对人群疏散迁移宏观建模技术的研究热潮,自此人群疏散迁移仿真研究就受到了广泛的关注。宏观模型是从全局的角度进行研究分析,并在很长的一段时间内成为专家热衷的疏散迁移仿真模型,其原因在于早期的计算机性能有限,使用宏观模型能够有效地降低计算复杂度[250]。在宏观模型中主要以流体力学模型、排队网络模型、气体力学模型为代表,但是宏观模型缺乏对个体心理状态、行为特征、身体特征的研究,并且不能反映出个体在疏散迁移的影响特征,因此宏观模型的疏散迁移仿真与现实场景差距较大。相比宏观模型而言,微观模型把研究重心放在个体上,体现个体特性在疏散迁移过程与环境之间的关系,能更好地反映现实的生活场景,所以成为近年来国内外专家学者研究的重点[251]。其中微观模型又被划分为连续型和离散型两种,连续型以社会力模型为代表,离散型以元胞自动机、多智能体模型等为代表。

Helbing 在 20 世纪末期最早先提出经典的社会力模型,此模型的特点是将人群的动态迁移行为描述成是受到社会力的作用,并把行人在复杂环境下的受力过程使用数学公式的形式进行建模[252]。因其表达的简洁性与计算的高效性,社会力模型在行人疏散迁移等人群仿真领域应用广泛。Lakoba 使用 OEA 算法模拟行人之间的运动,对大规模人群模拟时行人位置重叠的问题加以修正[253]。Teknomo 对社会力模型中排斥力作用进行修正并在人群模拟中加以应用[254]。Frank 等考虑受限能见度下的群体聚集、空间记忆印象以及双人群体存在的吸引现象[255]。Parisi 和 Dorso 利用社会力模型研究了房间内行人的疏散迁移问题,探索了惊慌程度的不同对疏散迁移的影响,并分析了由惊慌产生的"快即是慢"效应,简单地讨论了出口的宽度对疏散迁移过程的影响[256]。Johansson 等进一步改进了社会力模型用以描述等待中的行人,同时研究了等待中的行人与运动中的行人彼此间的相互作用情况[257]。Han 和 Liu 将信息传递机制引入社会力模型,模拟了大多数行人对疏散迁移环境不熟悉时的紧急逃生行为[258]。

国内方面,张开冉等改进社会力模型中的行人自驱动力,并提出紧张系数、出口可靠性等一些参数的定量计算方法,在 AnyLogic 仿真平台下对突发事件下的人群疏散迁移进行可视化仿真[259]。周侃等在社会力模型中增加了行人同行算法,模拟行人结伴同行这一行人交通常见行为[260]。田小川等基于 Helbing 的经典社会力模型,将行人遇到突发事件时的紧张程度和行人结伴行为的吸引力考虑进去,并在具体应用中考虑行人选择服务设施的行为,这一研究深入地将行人与疏散迁移环境的交互作用体现出来[261]。罗茜等认为经典社会力模型还存在缺陷,其首先分析了经典社会力模型中的缺陷并提出了一系列的改进措施,建立了微观人群拥挤模型,并且在经典社会力模型基础上分析了由于人群的过度拥挤造成拥挤踩踏事故的一些特征。同时在此基础上引入拥挤力的概念,可以很清楚地解释紧急疏散迁移过程中造成拥挤踩踏事故的关键原因[262]。薛水奇等利用社会力模型创建了视野受限环境条件下考虑信息交互和记忆的疏散策略[263]。杨晓霞等建立考虑引导员的行人疏散模型,分析期望速度和从众行为对疏散能力和疏散动态特性的作用效果[264]。

著名专家 M. Minsky 在 1986 年提出的智能体的定义,并指出智能体具有自治性、社会性等特点[265],此后在群体仿真建模上有很多专家学者开始使用单智能体和多智能体进行疏散迁移仿真研究。Wei Shao 和 Terzopoulos 首创了一个基于智能体的行为系统,在该系统中虚拟人群能自主地在虚拟火车站环境中表现出各自不同的行为[266]。Pan 等提出了一个基于多智能体的仿真框架把人群的社会行为加入仿真分析中,在其框架中采用层次化的行为模型,每层都由一系列基本的行为模式组成,高层的行为模式以低层的行为模式为基础[267]。Shi 等运用基于多智能体的精细网格模型模拟分析了突发事件下自动扶梯的运行方式对地铁车站疏散迁移时间的影响[268]。Ha 等采用了基于多智能体的模型研究复杂建筑结构对紧急疏散迁移过程中不协调的人群迁移运动的影响,以及如何提高疏散迁移的效率[269]。Kasereka 等提出了一种能够建模和模拟火灾中人员的疏散迁移模型,并采用多个指标对疏散迁移过程进行分析评价[270]。Joo 等提出了多智能体感知模型,用于研究疏散迁移过程中智能体的动态行为与紧急环境变化的交互作用[271]。Moch Fachri 等使用具有倒数速度的多智能体系统进行建模,对跟随者跟随领导者进行安全疏散迁移的行为进行研究[272]。国内方面杨雨澎基于多智能体理论开发了仿真平台系统 Escape 平台实现的模拟疏散迁移过程,可以实时显示不同时刻人员的分布情况以及出口使用情况[273]。王勃超引入改进粒子群算法分析了青年、老年及恐慌 3 种人群的疏散迁移行为和心理状态[274]。魏超对粒子群算法进行改进应用到基于多智能体的人群疏散迁移模型上[275]。靳宁将智能体模型自治性、反应性、交互性的优势特点与优化后的蚁群算法相结合进行人群疏散迁移研究[276]。魏心泉等引入信息熵,研究了火灾场景下引导者对疏散迁移效率的影响[277]。徐高利用智能体技术来表示个人,引入描述人员心理状态与对建筑物的信息掌握程度的参数,将参数值与现实状况相对应,建立了基于智能体技术的人员疏散仿真模型 EvacSA[278]。

在紧急疏散迁移的情况下使用多智能体模型模拟群体疏散迁移是比较符合实

际的解决方案,因为在建模的过程中每个智能体都可以拥有独特的行为特征、对环境的感知能力和决策能力,智能体能够对特定的事件和复杂动态的环境作出反应并基于当前所处的环境作出决策[279]。每个智能体根据决策规则作出自己的决策,而决策规则经常取决于智能体相关的局部信息。这些简单的局部规则最终涌现为全局的群体现象,这种方法允许考虑更多的行为因素,与其他方法相比,多智能体仿真以一种更加自然的方式来模拟行人的运动[280]。目前,此方面研究主要集中于对智能体疏散迁移仿真建模方面进行改进,其中比较有代表性的方法是将多智能体和元胞自动机、社会力等基于规则的模型相结合。由于社会力模型将恐慌时产生的心理压力、从众心理等因素考虑在内,可以很好地反映行人运动的实际状况,因此该模型在群体疏散迁移仿真中应用更为广泛。笔者基于多智能体理论和社会力模型构建紧急情况下的人群疏散迁移模型,结合两者的优点来实现行人迁移行为的建模与仿真。

7.2 基于网格模型的区域通行特征分析及趋势预测

7.2.1 融合时空相关性的神经网络路段行程时间预测方法

路段行程时间常作为各种交通控制策略的基础数据,对路段行程时间的分析预测对发展智能交通系统具有重要意义。实时、准确的行程时间预测信息可以为出行者提供更合理的出行时间和路线规划。行程时间具有高度随机性和复杂性,传统预测模型结构简单,非线性拟合能力不足,往往无法挖掘数据中蕴含的深层特征,预测精度不高。本节针对现有方法的不足,充分考虑到对于目标路段行程时间的预测,不仅需要从时间角度考虑该路段的历史数据,还要从空间角度考虑相邻路段对目标路段行程时间的影响。结合路段行程时间在时间和空间两个维度上的特性,设计并实现了一种基于时空相关性(spatio-temporal correlation,STC)矩阵和长短记忆(long short-term memory,LSTM)网络的路段行程时间预测模型 STC-LSTM,并通过实验进行了预测效果的验证。

1. 相关定义

1)路段行程时间的定义

在不同情况下,路段有着不同的定义,在交通领域中,通常定义为路网中任意两节点之间的线路。在高速公路网中,路段可以定义为两个收费站之间的线路。在城市道路交通中与高速公路相比,路网结构更加复杂,道路等级更加丰富。城市道路中存在大量交叉口,错综复杂的道路构成了城市路网。本节将路段定义为路网中两个交叉口之间的道路,图 7.1 所示为路网中的路段示意图,其中 AB、BC、BD 均可看作路段。

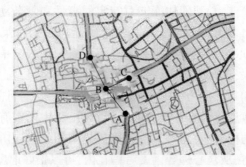

图 7.1 路网中的路段示意图

路段行程时间是指在某时间间隔内车辆从路段起始点行驶到路段终止点所用时间。对于特定路段 i，其行程时间历史数据可视为一种时序数据 $\{x_{i,t-n},\cdots,x_{i,t-1},x_{i,t}\}$，$x_{i,j}$（$t-n \leqslant j \leqslant t$）表示路段 i 在第 j 个时间间隔的行程时间。路段行程时间预测是指对已获取的历史行程时间数据 $\{X_t \mid x_1, x_2, \cdots, x_t\}$，将其作为预测模型的输入，对模型进行训练，得到未来第（$t+1$）个时间间隔的预测结果 X_{t+1}。

2）路网数据网格化

路段在路网中不是孤立的个体，它与路网中其他路段存在着互相作用的关系，尤其是相邻路段。通常情况下，当目标路段的相邻路段发生交通状态变化时，如遭遇堵车、交通事故等，会对目标路段的交通状况造成一定的影响。加之路段行程时间本身具有时序性，这使路段行程时间的预测问题成为一个时空网络问题，在处理时空网络问题时，建立合适的网格模型来描述时空网络是基础环节。城市区域可以被静态地或动态地划分成具有特定大小的网格，网格中包含道路属性（如主干路、次干路和支路等）。本节选取了相对较小的网格规模，通过误差范围变化过程中的道路做连续性和连通性考虑，在实际地图匹配时进行过滤筛选和优化，从而达到更良好的效果。传统网格的尺寸一般在 400m 以下，通常在 200m 左右。本节选取网格大小为 100m 的正方形网格，原因如下：取车速最大值 180km/h，GPS 取样间隔 1s，两次采样点间隔距离最大即为 50m；且在城市间道路行驶时，车速一般在 60km/h 以下，高架桥路段一般在 80km/h 以下；两次定位点之间距离应远小于这一数值。同时，这一范围又包含了误差范围内的最大误差。取其 2 倍间隔，保证误差范围的有效性和准确性。该网格大小包含城市最宽道路（一般为快速路等）的宽度，划分网格时可相应避开道路中心线，相比较而言更为合适。确定网格大小之后，针对整个道路网络进行网格划分。对于长为 W、高为 H 的地图来说，南北向（纵向）和东西向（横向）从上至下从左至右划分为 $M \times N$ 个网格，设路网地图左上角坐标点 $p_0(\text{lon}_0, \text{lat}_0)$，地图内任意一点 $p(\text{lon}, \text{lat})$ 所属网格 ID 可计算如下：

$$g = \left[\frac{N \times (\text{lon} - \text{lon}_0)}{W}\right] + \left[\frac{M \times (\text{lat} - \text{lat}_0)}{H}\right] \cdot N \quad (7.1)$$

式中:lon 和 lat 分别为维度和经度。

本节对相邻路段采用九宫格的方式进行定义,即以目标路段所在网格为中心,周围的 8 个网格内的路段为其相邻路段,充分保证局部区域路网内路段的空间拓扑特征。

3) 路段间的时空相关性描述

在行程时间预测过程中,时空相关性是必须考虑的因素。时间相关性指的是路段未来行程时间与其历史行程时间数据之间的相关性(时间域);空间相关性指的是目标路段行程时间与其相邻路段之间的相关性(空间域)。路段在路网中不是孤立的个体,它与路网中的其他路段,尤其是相邻路段,存在着相互作用关系。本节通过 **STC** 矩阵对路段间的时空相关性进行描述。

设以目标路段所在网格为中心的九宫格网格区域内共 m 个路段,则与目标路段相关的路段共 $m-1$ 个,在 t 时刻考虑前 n 个历史数据构成的时间序列,区域内所有路段对目标路段的时空相关性可以有如下描述:

$$\textbf{\textit{STC}}(t,n) = \text{Cor}(X_1, X_2, \cdots, X_m) \quad (7.2)$$

式中:Cor 为相关性函数,$X_i = [x_{i,t-n}, x_{i,t-n-1}, \cdots, x_{i,t}]$ 为区域内第 i 个路段历史数据构成的时间序列;$x_{i,j}(1 \leq i,j \leq m)$ 为第 i 个路段在时刻 j 的路段行程时间。$\textbf{\textit{STC}}(t,n)$ 中每个元素 $s_{i,j}$ 表示第 i 个路段对路段 j 的影响大小。**STC** 矩阵中的元素由当前时刻和历史时间序列共同决定,因此矩阵会根据时间推移动态变化,从而表示每个时刻的路段时空相关性。

2. 路段地图匹配

由于 GPS 定位自身误差影响,浮动车轨迹点很少精确地定位在道路上,会存在一定程度偏移。因此,需要利用地图匹配技术将散列的轨迹点匹配到相应道路上。地图匹配主要分为两个步骤。

(1)路段匹配。路段匹配就是要寻找到与轨迹点最匹配的路段。首先是确定候选路段集,计算出轨迹点到路段的投影距离 D,如图 7.2 所示,W 为路段宽度,R 为 GPS 的误差半径。

将 D 小于等于距离阈值 $D_{\max}$ 的路段纳入候选路段集中,为最终路段匹配做准备。具体定义如下:

$$D_{\max} = W + R \quad (7.3)$$

对于一个轨迹点,满足距离阈值的路段数有 3 种情况:不存在、一条、多条。不存在表明该轨迹点附近没有可以匹配的路段,有可能该轨迹点是一个偏移数据或错误数据,不需要进行相应的匹配工作;一条表明该轨迹点的候选路段只有一个,直接将该点匹配到这一路段上;多条表明该轨迹点可能处于交叉路口,候选路段存在多个,需要进一步分析选择合适匹配路段。为了从含有多个路段的候选集中找到最佳匹配路段,本节引入了相对方位的判断条件,即判断轨迹点方向角与路段之间夹角 θ 大小,如图 7.3 所示。

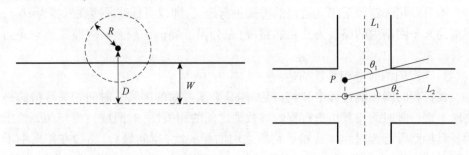

图 7.2 轨迹点到路段距离示意图　　图 7.3 轨迹点方向角与路段夹角示意图

从图 7.3 中可以看出,路段 L_1 和 L_2 满足距离条件,但轨迹点 P 与路段 L_1 的夹角 θ_1 更小,最终匹配到路段 1 上。本节定义了一个基于距离和相对方位的匹配度概念,匹配度是指当一个轨迹点有多个候选路段时,根据距离和相对方位计算出它与各个路段的匹配程度,匹配程度越高,越有可能匹配到相应的路段上。匹配度数学公式如下:

$$f_i(D,\theta) = \frac{\alpha_1}{D_i} + \frac{\alpha_2}{\theta_i} \tag{7.4}$$

式中:$f_i(D,\theta)$ 为轨迹点与路段 i 之间的匹配程度;α_1,α_2 为距离和相对方位的权重,且 $\alpha_1 + \alpha_2 = 1$,通常都取 0.5。可以看出,距离 D 越小,相对方位 θ 越小,路段匹配程度越高,越可能是最佳匹配路段。

(2)轨迹点路段位置匹配。轨迹点匹配到相应路段之后,需要将该点映射到路段上,从而更加精确地计算出轨迹点之间的真实距离。传统方法直接采用投影点作为轨迹点的路段匹配点,从图 7.4 中可以看出,轨迹点 A、B、C 到路段的距离较近,考虑 GPS 误差影响,其真实位置范围较大,直接采用投影点误差会比较大。轨迹点 D 和 E 的可选范围就很小,可直接采用投影点作为其匹配点。考虑到车辆正常行驶的状态下,行驶方向和速度都趋于平稳,可利用类似 D 和 E 这样的基准点对后续轨迹点的路段匹配点进行修正。本节将距离 D 等于或略大于 GPS 误差半径的轨迹点作为基准点,并以此基准点为基础,推算出后续轨迹点的真实匹配点。

3. 路段行程时间估计

受道路通行状况、车辆类型、驾驶习惯等多因素影响,路段行程时间具有一定的随机性,本节使用浮动车轨迹数据对路段行程时间进行估计。如果恰巧有两个轨迹点分别落在路段的起点和终点,那么直接将两个点的时间戳相减就可以得到

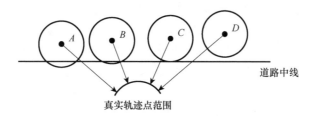

图 7.4　GPS 误差对轨迹点匹配位置的影响示意图

该路段的行程时间。但在大多数情况下,轨迹点都落在路段内或起讫点附近。本节所使用的方法是,利用经过地图匹配的轨迹数据,先计算在特定时间间隔内路段的平均行驶速度,再计算路段行程时间的估计值。

假设对于目标路段,在时间间隔 T 内,某个浮动车经过该路段时留下 n 个轨迹数据,经过道路匹配后,第 i 个数据为 (x_i, y_i, τ_i),这 n 个轨迹点之间的行驶距离 l,可计算如下:

$$l = \sum_{j=1}^{n-1} [R \cdot \arccos(\sin y_j \sin y_{j+1} + \cos y_j \cos y_{j+1} \cos(x_j - x_{j+1}))] \tag{7.5}$$

式中: R 为地球半径,则浮动车 i 经过该路段的平均速度为

$$v_i = \frac{l}{\tau_n - \tau_1} \tag{7.6}$$

式中: v_i 为浮动车 i 的速度; l 为浮动车在时间 τ_1 至 τ_n 内行驶的轨迹距离。假设有 m 个浮动车在时间间隔 T 内经过目标路段,分别计算它们的平均速度后取平均值,即可得到浮动车在目标路段上 T 时间间隔内的平均速度:

$$\bar{v} = \frac{1}{m} \sum_{i=1}^{m} v_i \tag{7.7}$$

最后,根据目标路段长度 L 和平均速度 $\bar{v}$,计算在时间间隔 T 内路段平均行程时间为

$$t = \frac{L}{\bar{v}} \tag{7.8}$$

4. 预测模型

1) 模型构建

LSTM 神经网络凭借其独特的构造方式,可以对历史信息进行有选择的记忆或遗忘,从而能够挖掘出序列中的长时依赖关系。但传统 LSTM 神经网络只考虑时间维度,忽略了相邻路段对目标路段在空间上的影响。因此,本节设计一种融合 STC 矩阵的 LSTM 神经网络预测方法,从时间和空间两个维度分析路段行程时间与其历史数据和相邻路段之间的相关性。通过 STC 矩阵计算出相邻路段对目标

路段的贡献系数,再将这些贡献系数集成到 LSTM 网络的输入数据中,从而实现了从时间和空间两个维度来构建预测模型的目标。模型结构如图 7.5 所示,$x_i^{<t>}$ 表示第 i 个网格在 t 时刻的路段行程时间,其相邻路段按照以 i 为中心的九宫格来确定,各路段按序排列,组成路段间的空间关系。

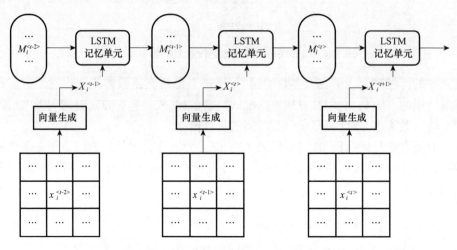

图 7.5　路段行程时间预测模型结构示意图

在特定 t 时刻,用一个全连接层连接 $t-1$ 时刻输出,这和传统神经网络是类似的。$t-1$ 时刻各个路段的行程时间数据是 $R_{t-1}=[x_{1,t-1},x_{2,t-1},\cdots,x_{m,t-1}]$,$t$ 时刻 LSTM 神经网络中记忆单元的输入是 $I_t=[X_{1,t},X_{2,t},\cdots,X_{m,t}]^T$,$R_{t-1}$ 和 I_t 的关系为

$$I_t = M(t,n) \cdot \mathbf{repmat}(R_{t-1},m) \tag{7.9}$$

式中:$M(t,n)$ 是 **STC** 矩阵,用于计算各个路段之间的贡献系数,$\mathbf{repmat}(R_{t-1},m)$ 是一个将 R_{t-1} 复制 m 次、大小和 $M(t,n)$ 相同的新建矩阵,用于计算各个路段新的输入数据。

由此可见,LSTM 中记忆单元的输入是一个与上一时刻交通状态紧密联系的向量,这一过程称为向量生成。本节考虑的是相邻路段对目标路段的影响,因此只对目标路段的输入数据进行向量生成。假设目标路段的索引为 i,那么 $X_{i,t}$ 作为目标路段记忆单元的输入,输出的预测结果是基于记忆单元的内部计算,具体可表示为

$$x_{t+1} = f(W \cdot h_t + b) \tag{7.10}$$

式中:f 为激活函数;W 为隐藏层与输出层之间权重矩阵;b 为输出层的偏置;h_t 为隐藏层输出。通过上述模型构建,时空相关性就集成到最终的预测模型中,预测结果就是与历史数据和相邻路段之间的紧密联系。在实际应用中,往往只考虑有限的相邻路段和历史数据来训练预测模型。通过循环计算,历史信息在网络中不断

传播,可从预测模型的网络状态中学习到序列中的长短时记忆。

2) 模型训练

模型的训练过程包含两个部分:一个是 **STC** 矩阵的训练;另一个是 LSTM 神经网络的训练。

第一部分:**STC** 矩阵的初始化。**STC** 矩阵的大小与目标路段及其相邻路段的数量 m 有关,首先根据 m 确定矩阵的大小,其次是路段之间贡献系数所参考的历史时间间隔数,即历史数据量 n,最后根据不同的时刻 t,计算相应时刻的 **STC** 矩阵。

第二部分:LSTM 神经网络的训练,即确定模型结构中参数值的过程。在训练之前,首先要确定隐藏层维度 n_h 和迭代次数(epoch)这两个超参数,然后使用误差反向传播算法和梯度优化对其他参数进行训练,最小化损失函数求最优解。训练过程的伪代码如表 7.1 所列。

表 7.1 LSTM 神经网络参数训练伪代码

算法:	LSTM 神经网络参数训练
输入:	训练集 $\{(x_i^{<t>}, X_i^{<t>})\}, t = n, n+1, \cdots, T_1\}$, 验证集 $\{(x_i^{<t>}, X_i^{<t>})\}, t = T_1+1, T_1+2, \cdots, T_2\}$, 隐藏层维度 $1 \leq n_h \leq 5$,最大迭代次数 max_epoch = 12000, 损失阈值设为 tar_err。
输出:	各层连接权重和偏置的参数 W。
步骤:	1. for n_h = 1 to 5; 2. random initialize W, min_err = $+\infty$; 3. adjust W; 4. for epoch = 1 to max_epoch; 5. forward propagation,计算 $\tilde{x}_i^{<t>}, t = n, n+1, \cdots, T_1$; 6. 计算损失 $\tilde{x}_i^{<t>} - x_i^{<t>}, t = n, n+1, \cdots, T_1$; 7. back propagation,计算 ΔW; 8. 参数更新:$W = W + \Delta W$; 9. 在验证集上重复步骤 5、步骤 6; 10. 计算损失:val_err = $\sum_{t=T_1+1}^{T_2} (\tilde{x}_i^{<t>} - x_i^{<t>})$; 11. if val_err<min_err; 12. min_err = val_err; 13. if min_err<tar_err; 14. 获取当前参数 W,break; 15. end if; 16. end if。

5. 实验结果及分析

1) 数据集

本节实验数据来自北京市交管部门所提供近 14000 辆出租车的轨迹数据,采集日期为 2018 年 8 月 3 日到 8 月 29 日,每天 06:00:00 到 23:59:59 时段。利用 3.2 节所介绍地图匹配方法,提取出其中 132 个路段,以 5min 为更新频率的平均行程时间,共计 712502 条有效数据和 85834 条缺失和无效数据。为了提高数据完整性,按 2.4 节所介绍方法对缺失或无效数据进行填充、纠正。

2) 模型参数设置

本节从空间维度考虑相邻路段对目标路段的影响,需要对实验数据进行筛选,去除 132 个路段中不存在上游或下游路段的情况,对剩余的 113 个有效路段进行建模与参数设置。行程时间数据更新频率为 5min,因此所参考历史数据的时间间隔应设置为 5min 的整数倍,取 30min、60min 和 90min,对应的 n 取值为 6, 12, 18。LSTM 神经网络中隐藏层维度 n_h 设置为 1~5,通过反复试验确定最佳维度。考虑到实际生活中,采集到的行程时间数据具有滞后性,本节将对未来行程时间进行多步预测。在实验中,利用历史数据对未来 5min、10min 和 15min,即 $t+1$、$t+2$、$t+3$ 时刻行程时间进行预测。

3) 预测评价准则

预测模型在给出预测结果后,需要对结果进行评价。本节通过使用均方根误差(root mean square error, RMSE)、平均绝对误差(mean absolute error, MAE)和平均绝对百分比误差(mean absolute percentage error, MAPE)衡量预测模型的预测结果质量。3 种指标的计算公式如下:

$$\mathrm{RMSE} = \sqrt{\frac{1}{n}\sum_{i=1}^{n}(y_i - \widehat{y}_i)^2}$$

$$\mathrm{MAE} = \frac{1}{n}\sum_{i=1}^{n}|y_i - \widehat{y}_i| \qquad (7.11)$$

$$\mathrm{MAPE} = \frac{1}{n}\sum_{i=1}^{n}\frac{|y_i - \widehat{y}_i|}{y_i} \times 100\%$$

式中:y_i 和 $\widehat{y}_i$ 分别为模型预测值和真实值;n 为测试集的样本规模,即预测结果数量或真实值数量。

4) 实验结果

本节实验分为两部分,第一是 STC-LSTM 模型预测结果与真实值(ground truth)的比较,第二是与其他经典预测模型的比较。选取 2018 年 8 月 3 日至 2018 年 8 月 23 日作为训练集,对 2018 年 8 月 24 日至 2019 年 8 月 29 日的行程时间进行预测。选取 8:00 至 10:00 这一时段进行分析,未来 5min 预测值与真实值比较如图7.6所示。从图中看出,预测值与真实值非常接近,MAE为1.98s,RMSE为3.52s。

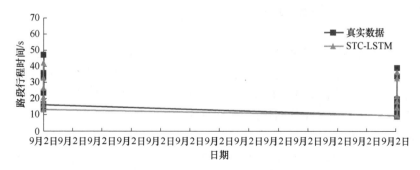

图7.6 预测结果与真实值比较图

接下来,对未来10min和15min行程时间进行预测,同时使用一些经典预测模型LSTM、SVM和ARIMA,进行对比试验。基于不同预测跨度,不同模型的MAE、RMSE和MAE见表7.2。

表7.2 模型RMSE和MAE实验结果表

预测时间	5min		10min		15min	
模型	RMSE	MAE	RMSE	MAE	RMSE	MAE
STC-LSTM	3.52	1.98	4.63	2.33	5.11	2.55
SVM	4.22	2.32	4.89	3.15	6.01	4.21
LSTM	3.73	2.12	4.89	2.56	5.96	2.89
ARIMA	4.71	3.56	5.32	4.11	6.98	4.69

根据比较结果可以看出,STC-LSTM模型相比其他模型具有更小的MAE,预测精度更高,表明相邻道路之间的空间相关性对路段行程时间是存在影响的,应该加以考虑。随着预测时间的增长,STC-LSTM模型相比其他模型,优势更加明显,表明LSTM神经网络能够更好地处理路段行程时间预测中的长时依赖问题。同时,随着预测步长的增加,同一模型预测精度会下降,表明及时地获取历史数据,对未来行程时间的预测具有重要意义。

7.2.2 基于CNN-LSTM的区域交通流量预测方法

本节针对已有方法无法挖掘车流量数据中的长时依赖关系和忽略了不同区域间车流量的空间关系等问题,设计了一种基于卷积循环神经网络的城市区域车流量预测模型——CNN-LSTM 模型,该模型充分吸收了卷积神经网络和循环神经网络的优点,挖掘车流量在空间和时间上的依赖性以进行预测。

1. 网格模型下的区域流量定义

1) 网格区域划分

根据不同的粒度和语义环境,区域可以有许多定义,小到一个路口、街道,大到一个城市。在本节中,采用一个基于经纬度的分割方法将城市划分为一个大小为 $M \times N$ 的网格图,即包含 M 行和 N 列,其中每个网格就代表一个区域,如图 7.7 所示。使用这种划分方法,可以将城市范围内车流量处理为一种图像数据,便于 CNN 挖掘其中的空间特征。

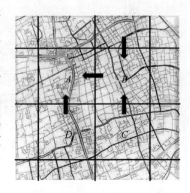

图 7.7 交通流量网格区域示意图

2) 区域交通流量的定义

区域交通流量指在某一时间段内车辆流入和流出这个区域的流量,流入量表示在给定的时间戳内从其他区域进入该区域的车流量;流出量表示在给定时间戳内离开该区域而进入其他区域的车流量,如图 7.7 所示,其中 B 区域流入流量为 2,流出流量为 1。

令 $V = \{r_1, r_2, \cdots, r_{I \times J}\}$ 为网格划分后的区域,其中每个元素代表一个节点。令 (τ, x, y) 为节点的坐标,其中 τ 为时间戳,(x, y) 为地理坐标。车辆在地图上的行程轨迹可以由这样一系列的带有时间戳的地理坐标序列来表示,如一段行程的起点 $s(\tau_s, x_s, y_s)$ 和终点 $e(\tau_e, x_e, y_e)$。令 P 为所有起始点对的集合,则区域流量可由如下定义:

给定一个起始点对集合 P,令 $T = \{t_1, t_2, \cdots, t_T\}$ 为时间间隔序列。对于网格中第 i 行第 j 列的节点 r_{ij} 来说,在时间段 t 内该节点的出入流分别定义为

$$X_t(0, i, j) = |\{(s, e) \in P : (x_s, y_s) \in r_{ij} \wedge \tau_s \in t\}| \tag{7.12}$$
$$X_t(1, i, j) = |\{(s, e) \in P : (x_e, y_e) \in r_{ij} \wedge \tau_e \in t\}|$$

式中: $X_t(0, i, j)$ 和 $X_t(1, i, j)$ 分别为出流和入流;$(x, y) \in r_{ij}$ 为空间点 (x, y) 位于节点 r_{ij} 内;$\tau_s \in t$ 为时间戳 τ_s 处于时间段 t 内。

在一个时空系统中,不同时间段的地理信息由一系列离散时间的地图快照构成,每个地图快照反映当前时段该系统的地理信息。在第 t 个时间间隔内,所有 $I \times J$ 区域的流入流量和流出流量可以表示为张量 $X_t \in \mathbf{D}^{2 \times I \times J}$,其中流入流量为 $X_t(0, i, j)$,流出流量为 $X_t(1, i, j)$;并且该时空区域构成了一个随时间动态变化的系统,随着时间的变化每个网格中都存在两种类型的交通流量时间序列。因此,任何时间间隔内的交通流量都可以用张量 $X_t \in \mathbf{D}^{2 \times I \times J}$ 进行表示。

3)流量预测问题

通过对轨迹数据的处理,可以得到该区域历史车流量的张量序列 $\{X_t \mid x_1, x_2, \cdots, x_t\}$。利用模型对序列进行训练和学习,可以预测未来 k 个时间间隔的车流量 $X_{t+1}, X_{t+2}, \cdots, X_{t+k}$。对于城市各区域车流量预测,每个时间间隔内的观测结果是一张二维网格图,每个网格中包含两个像素值。如果将这个网格图划分为平铺、不重叠的两个切片,切片中的像素值分别视为驶入流量和驶出流量,如图 7.8 所示,这样每个时间间隔的观测结果就是一个三维张量,该预测问题就转变为一种时空序列的预测问题。

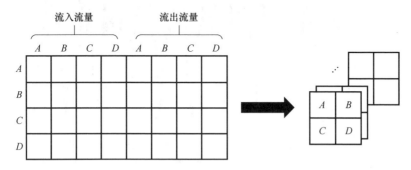

图 7.8 网格图转化为三维张量示意图

2. 浮动车轨迹数据分析

浮动车一般是指安装了车载 GPS 定位装置并行驶在城市主干道上的公交汽车和出租车。根据装备 GPS 的浮动车在其行驶过程中定期记录的车辆位置,方向和速度信息,应用地图匹配、路径推测等相关的计算模型和算法进行处理,使浮动车位置数据和城市道路在时间和空间上关联起来,最终得到浮动车所经过道路的车辆行驶速度以及道路的行车旅行时间等交通信息。验证环节使用的数据为北京市中心城区出租车的轨迹数据,原始数据中出租车属性字段共有 9 个,考虑交通信息提取的过程以及数据挖掘需求,选取其中 6 个字段作为原始数据集,数据结构如表 7.3 所列。

表 7.3 浮动车轨迹数据示例表

车辆标识	GPS 时间	GPS 经度	GPS 纬度	GPS 速度	GPS 方位
184152	20180301121120	116.1374589	39.895442	65	165
175165	20180301122030	116.854112	39.941225	52	432
356122	20180405102512	116.451224	39.901247	69	150
241658	20180406095413	116.954123	39.924547	47	323

通过对连续 10 个工作日(周一至周五)北京市中心城区出租车轨迹数据的统计分析,发现在工作日各区域交通流量存在典型的周期性特征。图 7.9 显示了在 8 月 1 日至 8 月 5 日(周一至周五),以及 8 月 8 日至 8 月 12 日(周一至周五)连续两周工作日的交通流量。可以看出,在工作日中,每天同一个时间点(从 0:00 开始,每 30min 一个时间戳)都有近似的交通流量,因此可以认为工作日各时间点的交通流量具有周期性特征。

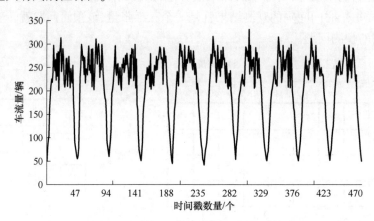

图 7.9　10 个工作日的交通流量分析图

3. 模型介绍

LSTM 神经网络和 CNN 模型,它们在获取时间特征和空间特征上有着显著的效果。本节所给出的城市各区域车流量预测方法在时间和空间上也有着丰富特征,已有方法只利用 CNN 或 LSTM 神经网络中的一种进行车流量的预测,效果并不满意。因此,本节同时使用这两个网络对车流量的时空特征进行挖掘,并采用了 CNN-LSTM 神经网络作为模型核心技术。该网络是在传统 LSTM 神经网络的输入到状态和状态到状态的转换中添加卷积操作,能够实现时间特征和空间特征的同时挖掘。单个 CNN-LSTM 神经网络能力有限,本节将叠加多个 CNN-LSTM 神经网络,构建了一个深层结构的预测模型,对城市区域车流量进行预测。

根据时空流量矩阵 $\{X_t \mid x_1, x_2, \cdots, x_t\}$ 存在短时交通流的局部空间依赖性,使用 CNN 捕捉区域范围内交通流的时间特性,$I_{i,0}^{<t>}$ 为在 t 时间间隔内,i 区域第 0 个卷积层的输入,则第 k 层网络输入为:

$$I_{i,k}^{<t>} = f(W_{f,t}^k I_{i,k-1}^{<t>} + b_{f,t}^k) \qquad (7.13)$$

实验采用的预测输入步长确定训练集的输入大小,对于数据集的全部 60 个采样点,当全天流量数据点为 188 时,训练集输入矩阵大小为 60×188,在 Keras 神经网络开发框架中使用 SeparableConv2D 卷积分别提取流量矩阵的时间、空间特征。

对于使用卷积提取特征后的结果,使用含有两层隐含层的 LSTM 模型来学习其相关特征,特征结果 X^t 首先输入第一层的记忆单元,在 t 时刻时,第一层隐含层的输出 $a_1^{<t>}$,由 $t-1$ 时刻的隐含层输出 $a_1^{<t-1>}$ 和记忆单元 $c_1^{<t-1>}$ 输出计算得到。第二层隐含层输出 $a_2^{<t>}$,由 $t-1$ 时刻的第二层隐含层输出 $a_2^{<t-1>}$ 和记忆单元 $c_2^{<t-1>}$ 输出计算得到。两层模型的输入/输出关系在 t 时刻的输入展开图如图 7.10 所示。

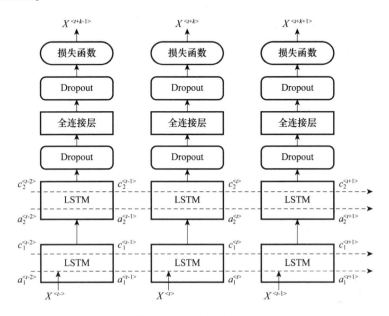

图 7.10 预测模型 t 时刻输入/输出展开图

如图 4.4 所示,交通流并非强规律性的时间序列数据,针对交通流量因素存在短周期特性与长周期特性的特点,借鉴图像识别中目标识别的注意力机制,为了补充交通流数据离散的时间特征,考虑短时交通流长周期与短周期流量峰值不确定的特点,在 LSTM 模型学习特征后,引入 1×1 的 Conv1d 全连接卷积层作为时间标记层,使模型具有根据季节、天气等因素提高预测能力的拓展性,为模型增加时间标记层。在 CNN-LSTM 预测模型中,模型输入为经过时间序列划分后组合成的时空流量矩阵,通过 CNN 卷积层完成对流量矩阵时间特征和空间特征的提取,这一部分的卷积层采用 SeparableConve2D 卷积,激活函数为 Relu,时间特征和空间特征的卷积核大小分别为 2×1 与 2×4,同时添加 1×1 的时间标记层。CNN-LSTM 模型的结构示意图如图 7.11 所示。

4. 实验分析

1)数据预处理

本节实验所使用数据来自北京市交通部门提供近 14000 辆出租车 14 亿条

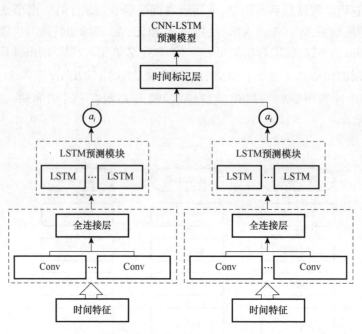

图 7.11 CNN-LSTM 预测模型结构示意图

GPS 记录,采集日期为 2018 年 8 月 3 日到 8 月 30 日,并忽略了 00:00:00 到 05:59:59 这个时段,采样频率为 10~45s,已去除其中重复和异常记录。原始出租车的海量轨迹数据,是散列的 GPS 记录,而本节面向的是城市各区域车流量,因此需要进行城市区域划分和车流量统计。具体操作如下:

(1)城市区域划分:北京市中心城区包含 11 个行政区,东西、南北长约 72km,呈正方形。本节将依据经纬度将整个北京市中心区划分为 36×36 的网格,每个网格为 2km×2km 的区域,这样划分后每个区域的大小合适,且便于模型中 CNN 挖掘空间特征。

(2)各区域车流量统计:根据第一步划分好的区域,统计出每个时间间隔内各区域的驶入/驶出流量,本节采用时间间隔为 5min。

(3)数据集划分:各区域驶入/驶出流量每 5min 记录一次,每次可视为一帧图像,每天就有 216 帧。为了获取不相交的训练集和测试集,将每天的图像序列划分为 4 大块,每块为不重叠的 54 帧,随机选择其中三大块作为训练集,其中一块作为测试集。具体的输入数据是使用 15 帧宽的滑动窗口从每个大块中分割出来。这样各区域车流量数据就包含 3360 个训练序列和 1120 个测试序列,所有序列长度为 15 帧(其中 12 帧作为输入,3 帧作为预测),也就是说用前 1h 车流量数据,预测未来 5min、10min 和 15min 的情况。在具体应用中,分割滑动窗口大小,输入和预测帧数也可自定义,可实现短时预测和长时预测,也可进行单步预测和多步预测。虽然从同一天分割出来的训练实例和测试实例可能有一定依赖关系,但这种分割策略仍然是合理的,因为在现实生活中,可以访问所有历史数据,包括同一天的数据,这在模型中是允许的。

2) 参数设置

在本实验中,根据 30 个数据采集点的交通流向量,在 LSTM 模型中输入 4 维张量模型进行训练。在训练过程中,神经网络的超参数优化是影响模型训练结果的关键因素,本节实验中使用 Keras 中的默认初始化权重和学习率,同样为了防止过拟合发生,全连接层的 Dropout 大小设置为 0.2,batch-size 大小为 256,对于 LSTM 模型采用 tanh 函数,每个隐藏层数量为 64,在 Keras 中实现模型时模型应用的主要层参数如表 7.4 所列。

3) 实验结果及分析

本节将使用处理后的北京市出租车轨迹数据来评价所提 CNN-LSTM 模型,并与已有 LSSVM、LSTM、ARIMA 和 CNN-GRU 模型进行比较。对于 LSTM 和 CNN-GRU 的参数设置与其相应论文一致;LSSVM 的核函数选径向基函数,并使用交叉验证对参数进行调整。在 09:00~17:00 点时间段选择 5min 步长时,5 个模型的预测结果与真实数据的对比结果如图 7.12 所示。

表 7.4 预测模型参数设置表

结构	输入/输出规模	卷积核大小
输入层	(none,30,4,4)	
SeparableConv2(RuLu)	(none,30,4,16)	(2,1)
SeparableConv2(RuLu)	(none,30,4,4)	(2,4)
BatchNormalization	(none,30,4,64)	
TimeDistributedFlatten	(none,30,4,256)	
TimeDistributedDense	(none,30,4,6)	
LSTM(tanh)	(none,30,30)	
LSTM(tanh)	(none,30,3)	
TimeMaker	(none,30,8)	
Conv1	(none,30,1)	(1,1)

在不同预测时间步长的情形下,5 个模型对相同数据的预测结果的均方根误差 RMSE 与平均绝对百分比误差 MAE 如表 7.5 所列。

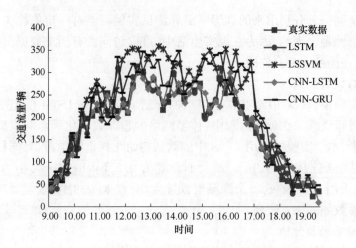

图 7.12 (见彩图)5 种预测模型预测结果比较图

表 7.5 模型 RMSE 和 MAE 实验结果表

预测时间	5min		10min		15min	
模型	RMSE	MAPE	RMSE	MAPE	RMSE	MAPE
CNN-LSTM	2.986	4.01%	6.135	5.18%	12.674	6.01%
LSSVM	8.442	9.36%	14.389	11.35%	20.715	14.36%
LSTM	3.523	4.56%	8.231	6.76%	16.284	9.03%
ARIMA	9.35	8.77%	13.695	9.03%	18.257	10.33%
CNN-GRU	3.332	4.23%	6.756	6.68%	15.698	8.36%

从实验结果可以看出,与其他模型相比 CNN-LSTM 模型的 RMSE 和 MAPE 更低,预测精度更高。随着预测步长的增加,各模型的预测准确率都有所下降,但 CNN-LSTM 模型的预测结果更加稳定。LSTM 神经网络和 CNN-GRU 具有相似准确率,且均显著优秀于 LSSVM 和 ARIMA 模型,表明时间特征和空间特征在流量预测问题中具有同等的重要性,本节同时使用这两种网络,可以充分挖掘出车流量的时空特征。

7.3 基于多智能体的城区人群迁移行为分析方法

7.3.1 紧急情况下的多智能体仿真模型

在基于多智能体的群体疏散仿真模型中,行人被抽象化为智能体个体,每个智能体自身对生理特征(如身高、性别等)和社会特征(如心理状态、运动倾向等)进行建模。智能体通过感知系统收集周围的信息,并对这些信息进行收集整理分析,进而形成决策来控制下一步行动。智能体的这种行为方式与人类的决策方式有着相似性,因此非常适合应用在人群疏散迁移仿真领域。笔者从智能体感知、决策和行为3个方面构建仿真模型,智能体行为规则由模拟行人运动行为的社会力模型来确定,并对社会力模型进行改进,添加引导员和紧急情况下行人的心理状态等因素,进而描述紧急情况下的行人运动行为模型。本节设计的仿真模型中将智能体分为自主疏散迁移智能体、跟随疏散迁移智能体和引导疏散迁移智能体3种。

1. 智能体感知建模

1) 紧急情况环境感知

行人作为独立的智能体可以感知周围环境中的障碍物以及紧急事件源。智能体感知疏散迁移环境的过程如图7.13所示。环境中的障碍物指的是智能体在疏

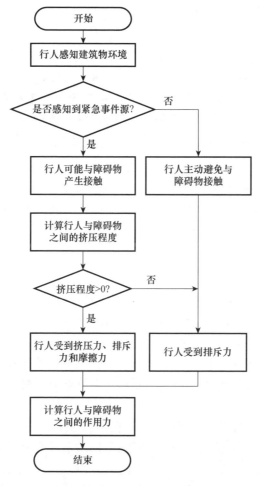

图7.13 智能体环境感知流程图

散迁移过程中不允许个体占据并要避免碰撞的位置,如墙壁、柱子等。环境中的紧急事件源是指可能引发周围环境中智能体疏散迁移的因素,如突发火灾、行人个体之间的争斗、恶性爆炸等。

智能体与周围环境之间的感知主要体现在智能体感知到紧急事件源后,智能体与障碍物之间产生的相互作用力。未感受到紧急事件源的行人会主动地避免与环境中的障碍物接触,从而仅受排斥力的作用。排斥力的计算式如下:

$$f_r = A_i \exp[(r_i - d_{iw})/B_i] \boldsymbol{n}_{iw} \tag{7.14}$$

式中: A_i 和 B_i 为行人 i 的位置参数; r_i 为行人 i 的模型半径; d_{iw} 为行人模型圆心到墙体或者障碍物之间的距离; $\boldsymbol{n}_{iw}$ 为墙体或者障碍物指向行人圆心的单位方向向量。

感受到紧急事件源的行人受心理因素的影响,会与障碍物产生挤压和摩擦,挤压力和摩擦力的计算表示如下:

$$\begin{cases} f_s = kg(r_i - d_{iw})\boldsymbol{n}_{iw} \\ f_t = \kappa g(r_i - d_{iw})\Delta v_{wi} t_{iw} \end{cases} \tag{7.15}$$

式中: k 为挤压系数; κ 为摩擦力系数; $r_i - d_{iw} > 0$ 为行人与障碍物之间存在挤压,挤压程度即为 $r_i - d_{iw}$;反之,则表示行人与障碍物之间不存在挤压,挤压程度为 0; $\Delta v_{wi} = (v_w - v_i) \cdot t_{iw}$ 为行人与障碍物模型间切线方向上的相对速度大小; t_{iw} 为行人与障碍物模型间的切线方向。$g(x)$ 为一个分段函数。

$$g(x) = \begin{cases} x, r_i - d_{iw} > 0 \\ 0, r_i - d_{iw} \leq 0 \end{cases} \tag{7.16}$$

当挤压程度大于0时,行人受挤压力、排斥力、摩擦力的共同作用,因此行人与障碍物间的作用力可表示为

$$f_{iw} = \{A_i \exp[(r_i - d_{iw})/B_i] + kg(r_i - d_{iw})\}\boldsymbol{n}_{iw} - \kappa g(r_i - d_{iw})(v_i \cdot t_{iw})t_{iw} \tag{7.17}$$

根据所受力情况的不同,计算智能体与环境中障碍物的作用力,避免产生过度摩擦和挤压的发生,从而确保疏散过程中行人的安全。

2)智能体交互感知

不同类型的智能体在迁移时会有不同的行为特征,本节引入自主疏散迁移智能体、跟随疏散迁移智能体和引导疏散迁移智能体三类智能体,分别用于模拟紧急场景中处于不同状态的行人。

自主疏散迁移智能体明确安全出口,能够按照自己的意愿以最快的速度和明确的期望方向进行迁移,尽快完成疏散;跟随疏散迁移智能体视野域内不能明确安全出口,一旦发现引导员即会立刻跟随引导员进行疏散迁移;引导迁移智能体掌握安全出口的信息,能够对行人的安全疏散迁移起到引导作用。自主疏散

迁移智能体与引导疏散迁移智能体都有自己期望的速度和明确的迁移方向,而跟随疏散迁移智能体则受跟随行为的影响,本节将3种类型智能体的属性设定如表7.6所列。

不同类型智能体间的感知主要体现为社会力模型中人与人之间的相互作用力。仿真模型中以当前智能体与其他智能体之间的累加作用力作为当前智能体作出决策的依据。紧急情况发生时,3种智能体之间可以相互感知,主要表现在以下3个方面。

表7.6 智能体属性设定表

属性	自主疏散迁移智能体	跟随疏散迁移智能体	引导疏散迁移智能体
ID号	√	√	√
X坐标	√	√	√
Y坐标	√	√	√
个体期望速度	√	—	√
个体期望方向	√	—	√
受恐慌心理影响	√	√	—
受从众心理影响	—	√	—
与引导智能体的吸引力	—	√	—
与其他智能体的交互力	√	√	√

(1)若周围环境中仅存在自主疏散迁移智能体,则此类型智能体之间感知到的社会力主要表现为排斥力、摩擦力和挤压力,其计算过程和行人与障碍物之间作用力的计算过程类似,表达如下:

$$f_{ij} = \{A_i \exp[(r_{ij} - d_{ij})/B_i] + kg(r_{ij} - d_{ij})\}\boldsymbol{n}_{ij} + \kappa g(r_{ij} - d_{ij})\Delta v_{ji}^t \boldsymbol{t}_{ij}$$
(7.18)

式中:A_i和B_i为位置参数;$r_{ij} = r_i + r_j$为行人i和行人j的模型半径之和;$\boldsymbol{n}_{ij}$为行人i指向行人j的方向向量;$d_{ij} = \|r_i - r_j\|$为行人模型圆心间的距离;$\Delta v_{ji}^t = (v_j - v_i) \cdot \boldsymbol{t}_{ij}$为行人模型间切线方向上的相对速度大小;$\boldsymbol{t}_{ij}$为行人模型间的切线方向。

(2)若周围环境中存在跟随疏散迁移智能体和引导疏散迁移智能体,则跟随疏散迁移智能体感知到的社会力除智能体个体之间的排斥力、摩擦力和推挤力外,还可以感知到与引导疏散迁移智能体之间的吸引力。

(3)若周围环境中3种类型的智能体都存在,引导疏散智能体受到的社会力主要表现为排斥力,引导疏散迁移智能体引导跟随疏散迁移智能体安全疏散迁移,在这个过程中跟随疏散迁移智能体受到吸引力、排斥力、摩擦力、挤压力的共同作用,并且自主疏散迁移智能体要与其他两种类型的智能体保持距离,受排斥力作用。

3)恐慌感知

恐慌感知主要描述智能体如何感知恐慌程度对疏散迁移的影响,通过分析,在智能体恐慌感知过程中主要考虑恐慌程度和引导员的引导作用两个因素,分析在多因素影响下的智能体恐慌程度。

当紧急事件发生时,智能体会对周围环境进行感知,确认自身是否在事件源的影响范围内,并确定自身的恐慌程度。不同类型的智能体因对环境的感知不同,所以不同智能体的恐慌程度也不相同,3种智能体的恐慌感知情况如下:

(1)引导疏散迁移智能体由于明确安全出口以及自身的疏散指引职责,恐慌程度相较其他智能体更低。

(2)自主疏散迁移智能体根据紧急事件源的不同所受恐慌的程度也不同,但是因其有明确的疏散迁移方向,所以恐慌程度为较高。

(3)跟随疏散迁移智能体因其没有明确的方向,只能跟随视野域中的引导疏散迁移智能体,因此恐慌程度最高。

引导疏散迁移智能体对跟随疏散迁移智能体的迁移方向具有导向作用,在紧急情况下,行人若感知到环境中存在引导员则其恐慌程度会降低。恐慌感知的效果在智能体行为上的主要体现为社会力模型中的自驱动力,恐慌程度、从众心理和引导作用会对自驱动力产生影响,从而决定智能体的迁移速度和迁移方向。

2. 智能体决策规划

1)安全出口决策

公共场所通常人员密度比较大,在发生紧急事件时行人运动方向的随机性和突变性也会随之增强。在单出口环境中行人目标出口唯一,而在多出口环境中,行人的目标出口选择与行人当前位置距目标点的距离、目标点的排队长度以及事件源的影响范围有关。本节在建立安全出口决策模型时,假设智能体在环境中随机均匀分布,忽略目标点的排队长度这一影响因素。

在事件源初始影响范围内的智能体由于受紧急事件源的影响,会表现出不知所措、徘徊、随机地选择安全出口的行为。在事件源初始影响范围外的智能体则按照最短路径的原则进行紧急疏散。例如,环境中存在多个安全出口,智能体会选择距离最近的安全出口疏散迁移。需要特别指出的是,若智能体属于跟随疏散迁移智能体,在发现紧急事件后,跟随疏散迁移智能体的出口选择要根据目标引导员才能进行决策。智能体选择安全出口的决策过程如图 7.14 所示。

2)期望方向决策

在智能体疏散迁移的过程中会感知周围环境的信息,同时会与其他智能体进

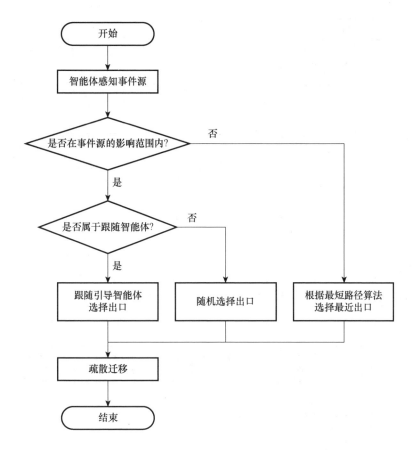

图 7.14 智能体出口决策流程图

行交互感知。智能体会通过这些感知信息,并根据自身的恐慌程度作出相应的期望方向调整行为决策。

本节中智能体期望方向的决策主要分为以下 4 种情况:

(1)不考虑恐慌程度影响,智能体的期望方向为无恐慌作用下的期望方向;

(2)考虑恐慌程度影响,智能体的期望方向为恐慌心理作用下的期望方向,即根据智能体的实时恐慌程度改变智能体的期望方向;

(3)考虑引导员的引导作用,智能体的期望方向为引导作用下的期望迁移方向,即根据智能体的实时恐慌程度和引导作用共同决定智能体的期望迁移方向;

(4)考虑多重因素影响,智能体的期望方向为多因素共同作用下的期望方向,按照恐慌程度、从众心理和引导员的引导作用对当前智能体的影响比重不同来计算期望方向。

期望方向决策的过程如图 7.15 所示。

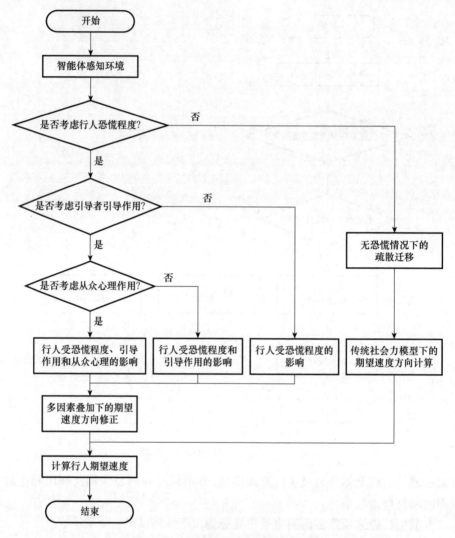

图 7.15 智能体期望方向决策流程图

3. 智能体行为规则设定

本节以社会力模型量化的形式作为智能体的行为规则。社会力模型模拟了常规情况下的行人迁移过程,解决了由于行人迁移过程所受内在因素和外在因素复杂多变,难以抽象化迁移模型的难题。无恐慌作用下的行人迁移运动按照传统的社会力模型进行疏散迁移运动,然而传统社会力模型仍然存在很多局限性,主要包括以下两个方面:

(1)由于社会力模型是在普通场景下对行人迁移过程进行模拟的,在适应到紧急疏散迁移场景时,没有考虑到紧急疏散迁移场景中具体的现实因素,如在火灾场景下行人会存在心理恐慌的情况,在多数应急疏散迁移场景下会有专门的工作人员组织行人进行疏散迁移等。

(2)社会力模型中认为行人的期望速度是不变的,即行人运动状态在开始时就确定了。事实上,由于行人心理等内在因素和周围环境等外部因素的影响,行人的期望速度是动态变化的,即行人的自驱动力是动态变化的。

为了解决上述问题,本节从传统社会力模型出发,结合影响行人迁移行为的主要因素,考虑在紧急情况发生时,行人的迁移行为模型构建问题。

1) 恐慌程度

行人迁移过程中始终会有一个自身期望的目的地,在紧急情况下这一"目的地"可能是某个出口或者某个特定的行人,这种期望会驱使行人朝着目标方向迁移。社会力模型中将这种力抽象化为行人自驱动力,其计算式为

$$f_i^0 = m_i \frac{v_i^0(t) e_i^0(t) - v_i(t)}{\tau_i} \qquad (7.18)$$

式中:m_i 为行人 i 的质量;$v_i^0(t)$ 为 t 时刻行人 i 速度的大小;$e_i^0(t)$ 为 t 时刻行人 i 速度的方向;$v_i(t)$ 为 t 时刻行人 i 的期望速度;τ_i 为行人 i 由当前速度调整为期望速度所需的时间步长。

紧急情况发生时,智能体会根据恐慌感知模型计算自身的恐慌程度,本节使用恐慌因子的概念来描述恐慌程度。恐慌因子是恐慌程度的量化表现,恐慌因子为 0 时智能体为冷静状态,恐慌因子为 1 时智能体为完全恐慌状态。在紧急疏散迁移场景下,智能体若未感知到引导疏散智能体,其会自行寻找距离自己最近的出口,但智能体本身无法准确判断出口位置,因此会不断调整自身的期望速度。设疏散迁移过程中智能体 i 在时刻 t 的恐慌因子为 a,则时刻 t 智能体的期望速度表达如下:

$$v_i^{0'}(t) = (1 - a) v_i^0(0) + a v_i^{\max} \qquad (7.19)$$

式中:$0 \leq a \leq 1$;$v_i^{\max}$ 为智能体 i 期望速度的最大值,即在完全恐慌状态下智能体的期望速度;$v_i^0(0)$ 为在疏散迁移发生前智能体的期望速度。

2) 引导作用

引导迁移智能体(引导员)的功能在于引导一般智能体顺利撤离,在疏散迁移过程中,智能体一旦感知到引导员,就会跟随引导员撤离,即智能体会倾向于引导员的方向迁移,从而在智能体和引导员之间产生了吸引力。传统社会力模型中并没有有关吸引力的定义,本节在智能体行为规则的设定中对吸引力的计算如下:

$$f_{il} = C\exp[(r_{il} - d_{il})/B_i] \boldsymbol{n}_{il} \qquad (7.20)$$

式中:C 为一个负常数,用于修正吸引力的方向;r_{il} 为智能体 i 与引导员 l 模型半

径之和；d_{il} 为智能体 i 与引导员 l 模型圆心之间的距离；n_{il} 为引导员 l 指向智能体 i 的单位向量，与原始模型的作用力方向相反。

由于吸引力的作用是相互的，引导员描述引导员的运动方程可以直接根据社会力模型构建，表达如下：

$$m_l \frac{d\boldsymbol{v}_l(t)}{dt} = \boldsymbol{f}_l^0 + \sum_i \boldsymbol{f}_{li} + \sum_w \boldsymbol{f}_{lw} \tag{7.21}$$

式中：f_{li} 为引导员和跟随智能体间的吸引力；f_{lw} 为引导员与障碍物之间的作用力；f_l^0 为引导员的自身期望力，计算公式如下：

$$\boldsymbol{f}_r^0 = m_r \frac{v_r^0(t)\boldsymbol{e}_r^0 - \boldsymbol{v}_r(t)}{\tau_r} \tag{7.22}$$

引导员根据自身期望、周围智能体和环境因素实时调整迁移速度，其中期望方向 e 指向出口。

7.3.2 基于多智能体的人群疏散迁移仿真模拟

1. 仿真实验场景简介

本仿真实验场景以地铁站站台为模板，对于地铁车站站台来说，一般至少有两层结构，下层是站台层通过扶梯和普通楼梯与地上连接，乘客通过楼梯时会进入一个缓冲区，即站台与楼梯相连的区域。如图 7.16 所示为长春地铁一号线站台的内部图，行人想要出站就必须由站台层经过电梯或楼梯进入地上，这个过程中涉及短时间内的大量行人流动，因此本节选用行人集中的站台层作为研究对象更具有实际意义。

图 7.16 地铁站台内部图

疏散迁移人员数量的设置关系到整个地铁车站的疏散迁移时间和疏散迁移效果,地铁人员安全疏散迁移分析需要考虑最不利的情况,因此需要考虑最大的可能人员数量。我国《地铁设计规范》规定疏散迁移人数应按照远期高峰小时客流量来确定。

当地铁站内发生类似于行李火灾时,列车为直接过站,没有下车乘客。因此,案例中仅考虑地铁站内的紧急疏散迁移。本节设定,紧急疏散迁移时较糟糕的情况站台区域候车乘客为800人,引导疏散迁移工作人员为6人,故仿真场景中假设疏散迁移总人数为806人。

为了分析恐慌程度和引导作用对乘客疏散迁移行为和效率的影响,在已构建的智能体感知模型、决策模型、行为模型的基础上,通过几个主要参数的变化构建了不同的仿真场景,拟构建的主要仿真场景因素设置如表7.7所列。

表7.7 仿真场景因素设置表

场景编号	疏散人数	恐慌作用	引导作用
a-1	806	无	无
a-2	806	有	无
a-3	806	有	有

通过场景因素的变化,可以将仿真场景分为两组。

(1)无恐慌程度作用下的疏散迁移和恐慌程度作用下的疏散迁移。场景a-1为无恐慌作用的疏散迁移,是指紧急情况下的疏散迁移,遵循原始的社会力模型;场景a-2为恐慌程度作用下的疏散迁移,是指行人在紧急情况下结合恐慌因子来描绘恐慌状态影响下的期望速度。对比场景a-1和场景a-2,可以得到恐慌程度作用对仿真结果的影响。

(2)无引导作用疏散迁移和引导作用下的疏散迁移。场景a-2为无引导作用疏散迁移,是指紧急状态发生后行人的期望速度和期望方向仅受恐慌程度的影响;场景a-3为引导作用下的疏散迁移,是指紧急状态发生后,行人的期望速度和期望方向不仅受恐慌程度的影响,还受引导工作人员的影响,即行人在疏散迁移过程中受到引导员吸引力的作用,且其期望迁移方向由恐慌程度和引导作用的共同作用。对比场景a-2和场景a-3,能够得到引导作用对疏散迁移结果的影响。

2. 仿真模型实现

本节借助AnyLogic仿真平台中面向智能体对象的混合建模,首先构建智能体感知系统,包括周围环境、行人交互和紧急情况下的恐慌感知规则。其次设定智能体的决策方法,包括对安全出口以及期望方向的决策过程。最后构建智能体行为规则,包括恐慌程度和引导作用对自身所受作用力的影响,以变量的形式进行行为参数的设置。

1)环境模型构建

行人所处的客观环境的模拟主要包括墙、通道、安全出口、行走范围等,这些模块可以直接通过模型中的行人库的对象来实现。具体实现过程如下:

(1)根据实际环境通过模板中的行人库模块来构建,行人库中的直线或者矩形可以直接表示建筑物布局、通道的可行范围、障碍物以及服务设施等。

(2)定义第一步在行人库中设定的图形,使它们与真实环境中的出入口、服务设施、障碍物等实际物体相符合。

(3)设定各个模块的参数。将各种障碍物、边界、服务设施等演示图形的属性参数进行设置,并且对行人疏散迁移的区域进行划分。

一般行人密度较大的地铁车站,出口数量都比较多。本节为了简化建模,假设地铁站厅有两个安全出口,乘客从站台区通过缓冲区进入楼梯或扶梯(连接区),然后经出口撤离,具体的简化布局如图 7.17 所示。

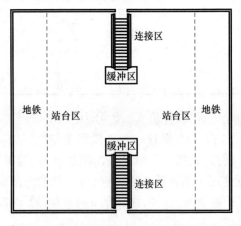

图 7.17 仿真实验场景

仿真的建筑物环境模型以图 7.17 作为基础底图,利用仿真软件 AnyLogic 的行人库进行基础模型的构建。疏散迁移开始后,各区域的行人经过一定的反应延迟时间,开始向安全出口迁移,直至所有的行人到达站厅安全区域。行人流动过程如图 7.18 所示。

2)智能体参数设定

本节采用的是混合建模的方式,主要涉及的是行人库的建模。在仿真平台中的行人库中,用 Ped Source、Ped Go To、Ped Service、Ped Wait、Ped Select Output、Ped Sink、Ped Settings 等控件来实现各个流程过程,通过 Java 语句将统计的数据存放在指定文件中,并将统计的数据以图表的形式展现并进行分析。本节在过程设计中加入输出结果变量模块,涉及的模块对象包括设置了间隔的统计模拟疏散迁移过程中行人的密度、疏散迁移的期望速度、多因素影响下的疏散迁移行为等模块,仿

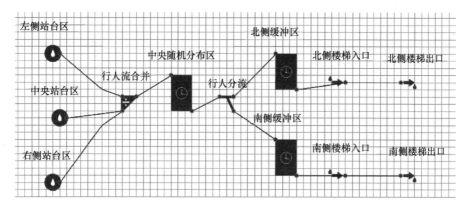

图 7.18 行人流动过程

真结束后这些统计的数据也会同步输出到指定的文档中,通过处理统计出来的这些数据分析紧急情况下疏散迁移的结果。

在本节设计的模型中,智能体的恐慌感知过程主要通过 Event 模块来实现。仿真模型中涉及的变量较多,在各流程模块的属性中运用程序记录数据,并用数据集的形式统计数据,如每一时刻疏散路径各部分的行人数和密度、速度随时间的变化情况以及行人经过各个路段所用的疏散时间。仿真模型中的主要参数变量如表 7.8 所列,主要用于实时判别行人的恐慌程度和行人运动行为的社会力模型参数。

表 7.8 仿真实验参数设置表

参数/变量名称	备注	取值/单位
quality	行人质量	50~90kg
pedestrianModelRadius	行人模型半径	0.25~0.35m
initialExpectVelocity	行人初始期望速度	1.15~1.65m/s
initialActualVelocity	行人初始实际速度	1.15~1.45m/s
maxExpectVelocity	行人最大期望速度	1.70m/s
positivePressureCoefficient	正压力系数	13000
slidingFrictionCoefficient	滑动摩擦系数	23000
panicFactor	恐慌因子	0.75
safeDensity	区域行人安全密度	4.0人/m^2

为了更好地评价仿真结果,本节主要从疏散人数、疏散时间、压力人数以及绕行距离 4 个方面对疏散结果进行评价。各评价指标如表 7.9 所列。

表7.9 仿真实验结果评价指标表

参数/变量名称	备注	取值/单位
sumEva	累计疏散人数	50~90kg
aveEvaTime	行人平均疏散时间	0.25~0.35m
roundDistabce	行人绕行距离	1.15~1.65m/s
panics	恐慌行人数量	1.15~1.45m/s

3. 仿真结果分析

1) 恐慌程度对疏散迁移的影响

为了分析疏散过程中人员恐慌程度变化对疏散迁移效率的影响,设置两个仿真场景。场景a-1在不考虑人员的恐慌程度状态下对行人的疏散迁移情况进行仿真模拟;场景a-2考虑了行人的滞留时间、局部密度以及距离事件危险源的距离对行人恐慌程度的影响,针对行人恐慌程度的紧急疏散仿真模拟。场景设置如表7.10所列。

表7.10 恐慌程度影响对比实验场景设置表

场景编号	疏散人数/人	恐慌作用	引导作用
a-1	806	无	无
a-2	806	有	无

仿真中设定疏散迁移的总人数为806人,图7.19为累积疏散迁移人数随疏散迁移时间的变化。由图可知,场景a-1总疏散迁移时间为358.95s,场景a-2总疏散迁移时间为300.85s。场景a-2相较于场景a-1行人的疏散迁移效率提高了16.19%。仿真结果表明,行人疏散时恐慌程度引发的慌乱行为有助于提高整体的疏散效率。

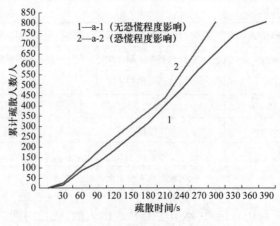

图7.19 疏散人数随时间变化

为了观察与分析疏散迁移过程中人员在各区域耗用的疏散迁移时间以及对整体疏散迁移效率的影响,图7.20给出了各区域的平均疏散时间。

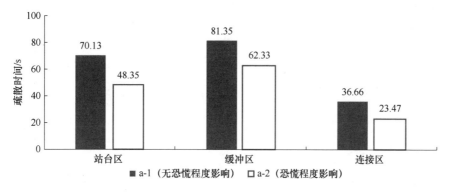

图7.20 各区域平均疏散时间

疏散迁移时间均值是指通过这一区域的所有行人所耗用的平均时间。可以看出各区段图中场景a-2各区域平均疏散迁移时间均小于场景a-1各区域的平均疏散迁移时间。场景a-2中站台区域的平均疏散迁移时间减少了21.78s,疏散迁移效率提高了31.06%;缓冲区的平均疏散迁移时间减少了19.02s,疏散迁移效率提高了23.38%;连接区的平均疏散时间减少13.19s,疏散迁移效率提高了35.98%。

行人在连接区的运动状态有一定的规律性:楼梯入口处,行人在拥挤状态下会表现出走走停停的蠕动状态,行人的速度、流量受密度的影响较大;进入楼梯后,当楼梯人流密度较小时,人员可以在楼梯自由行走。人流密度大时,大多数行人在楼梯上活动受限,跟随前面的行人移动,行人的速度即为群体迁移的速度。

为了观察与分析楼梯入口处和楼梯内部区域对紧急疏散迁移的影响,本节选取出口处的缓冲区和连接区作为研究对象进行实验,通过比较各区域的密度和速度随时间的变化,分析有无恐慌程度状态下乘客在各区域的疏散迁移特性。

如图7.21所示,场景a-1中缓冲区在60s时区域密度达到最大值5.0人/m²,场景a-2中缓冲区在95s时区域密度达到最大值4.5人/m²。在考虑恐慌程度的场景中,缓冲区会更早出现密度峰值,这是因为行人的恐慌程度会驱使行人更迅速地涌向楼梯口,致使缓冲区的密度峰值增加。这一结论也验证了缓冲区为疏散过程的瓶颈区域。

如图7.22所示为连接区的密度随疏散时间的变化。两个场景对比来看,考虑恐慌程度场景中连接区的密度值较低,为了分析这一原因需要结合缓冲区和连接区进行分析。连接区的密度值总体上低于缓冲区的密度值,这是因为缓冲区为疏散过程中的瓶颈区域,大量的人员在此聚集堵塞,导致人员在缓冲区的输出呈现漏斗规律,使下游连接区的密度相对较低。在压力状态下,缓冲区的拥挤程度极高,导致下游连接区的密度值低,这一结论解释了相较于无压状态,压力状态下连接区密度出现低值的原因。

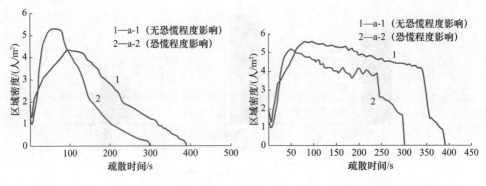

图 7.21　缓冲区密度随时间变化　　　　图 7.22　连接区密度随时间变化

图 7.23 所示为缓冲区行人的平均速度随疏散迁移时间的变化。疏散迁移过程中行人的速度差异主要受行走过程中行人之间的相互作用力和行人与障碍物之间的相互作用力的影响。在场景 a-1 中区域行人密度在 100s 左右达到峰值(图),行人均处于高密度的环境中,此阶段人群的速度约为 0.065m/s,表明行人仅能进行微小范围内的移动。在场景 a-2 中区域行人密度在 80s 左右达到峰值(图),此阶段人群速度约为 0.073m/s,恐慌程度状态下人员在缓冲区中的平均速度与无恐慌程度状态下的速度差异不大。人群的低速移动表明人群在缓冲区因人群密度出现高值致使发生长时间的阻塞现象,此时缓冲区即为疏散迁移过程中的瓶颈区域。

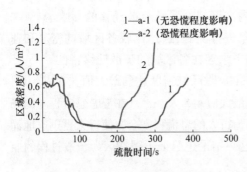 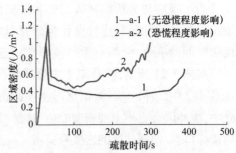

图 7.23　缓冲区速度随时间变化　　　　图 7.24　连接区速度随时间变化

图 7.24 所示为连接区行人的平均速度随疏散迁移时间的变化。由于上游缓冲区的瓶颈效应,在同一时刻到达下游连接区的疏散迁移人员数量有限,故连接区的密度值均低于安全密度值,保证了楼梯中疏散迁移人员的安全。在场景 a-1 中

连接区的平均速度为0.412m/s,恐慌程度场景中楼梯域的平均速度为0.624m/s。结果表明,恐慌程度状态下的行人在连接区的平均速度高于无恐慌程度状态下的平均速度。

为了分析行人在恐慌程度状态下和无恐慌程度状态下的疏散行为,需要分析行人的平均绕行距离,即行人从起点到终点的直线距离与实际疏散距离之差,图7.25、图7.26所示为无恐慌程度场景a-1和考虑恐慌程度场景a-2的绕行距离频率分布图。场景a-1平均绕行距离为13.82m,考虑恐慌程度场景a-2的平均绕行距离为26.07m。即恐慌程度场景行人的绕行距离比无恐慌程度场景的平均绕行距离多12.25m,绕行幅度相对增加了88.63%。结果表明:疏散过程中,人员在恐慌程度状态下更趋于无序混乱的行为状态。

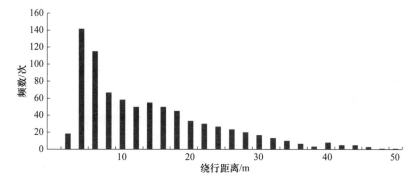

图7.25 无恐慌程度场景绕行距离分布

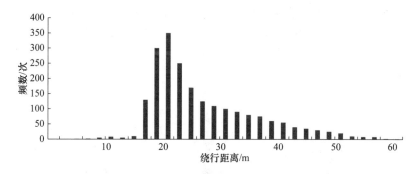

图7.26 恐慌程度场景绕行距离分布

2)引导作用对疏散迁移的影响

为了观察与分析疏散迁移过程中人员恐慌程度变化对疏散迁移效率的影响,设置两个仿真场景,场景a-2考虑了行人恐慌程度的影响,未考虑疏散迁移过程中的引导作用;场景a-3在场景a-2的基础上,考虑了引导作用对疏散迁移的影响。场景设置如表7.11所列。

表 7.11 恐慌程度影响对比实验场景设置表

场景编号	疏散人数/人	恐慌作用	引导作用
a-2	806	有	无
a-3	806	有	有

仿真中设定疏散迁移的总人数为 806 人,图 7.27 为累积疏散迁移人数随疏散时间的变化。由图 7.27 可知,场景 a-2 总疏散迁移时间为 209.56s,场景 a-3 总疏散迁移时间为 181.25s。场景 a-3 相较于场景 a-2 行人的疏散效率提高了 13.51%。仿真结果表明,行人疏散时引导员的引导作用有助于提高整体的疏散迁移效率。

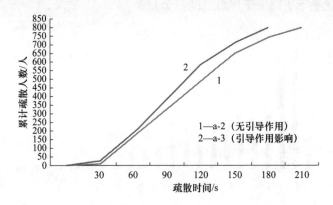

图 7.27 疏散人数随时间变化

为了观察与分析疏散迁移过程中人员在各区域耗用的疏散迁移时间以及对整体疏散迁移效率的影响,图 7.28 给出了各区域的平均疏散迁移时间。

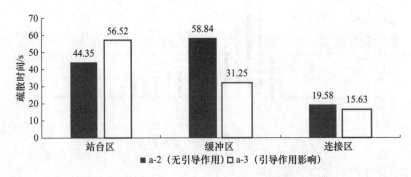

图 7.28 各区域平均疏散时间

如图 7.28 所示,相较于无引导作用场景,有引导作用场景中站台区域的平均疏散迁移时间增加了 12.17s,这是因为疏散迁移开始时刻站台区的人群密度较大。为了保证疏散迁移人员的安全,引导人员会采取一定的措施(如增加隔离护栏、引导疏散迁移人员有序排队疏散迁移)控制站台区域的人群密度,所以站台区域人员在引导作用下的疏散迁移时间会有一定程度的增加。场景 a-3 中缓冲区域的平均疏散时间减少了 27.59s,疏散迁移效率提高了 46.89%;连接区的平均疏散迁移时间减少 3.95s,疏散迁移效率提高了 20.17%。据此可知,引导作用在站台区域对人群密度的有效控制,有利于下游缓冲区和连接区疏散迁移效率的提高,尤其在缓冲区促进作用较为突出。为了进一步分析引导作用在缓冲区的疏散迁移效果,图 7.29 给出了缓冲区密度随疏散迁移时间的变化。

场景 a-2 和场景 a-3 相比,无引导作用下的缓冲区密度远高于引导作用下的缓冲区密度,这是因为疏散迁移开始后,引导工作人员为了确保人群的安全,会采取措施对人群密度进行控制,使其密度尽可能地低于安全密度。但在实际的疏散过程中,由于人员的恐慌程度作用,急切的逃生心态会使一些乘客不听从引导,仍然表现出慌乱行为,故在实际疏散迁移过程中并不能严格保证人群的密度小于或等于安全密度 4.0 人/m²。

疏散迁移人群理智的行为与看似不理性的慌乱行为之间的转化受到恐慌情绪的控制,但是能够通过采取一些引导控制措施来减少这种紧张,进而确保疏散迁移效率。慌乱行为人数百分比是指系统中当前的慌乱行为人数与当前剩余人数之比,反映的是群体的混乱程度。为了观察与分析引导控制措施对行人恐慌程度的影响,需要研究不同场景下慌乱行为人数随疏散时间的变化。图 7.30 所示为慌乱行为人数百分比随疏散时间的变化。

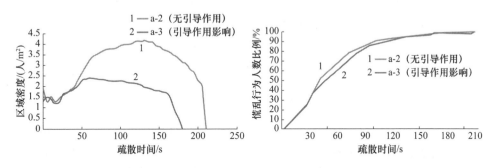

图 7.29 缓冲区密度随时间变化　　图 7.30 慌乱行为人数比例随时间变化

场景 a-2 无引导作用的慌乱行为人数百分比在时间段内的变化趋势与场景 a-3 引导作用影响状态下的变化趋势一致,这是因为在疏散迁移开始的 30s 前后为人员的预动作疏散迁移时间。在此时间段内,不同的人员会有不同的反应,行人会根据自身位置感知环境的变化,如有的人会立即开始迁移、有的人会在视野范围内验证事件源的位置、有的人会感知周围行人的行为等。而在之后的时间段内,所有人员开始行动,此时场景 a-2 中慌乱行为人数百分比的变化趋势高于场景 a-3

的变化趋势,表明无引导控制作用下,疏散人员更容易产生恐慌程度情绪。为了分析各时段内引发慌乱行为人数变化的原因,如图 7.31 和图 7.32 所示分别给出了场景 a-2 无引导作用和场景 a-3 引导作用影响下局部密度、与危险源的距离和滞留时间 3 个因素引发的慌乱行为人数随时间的变化。

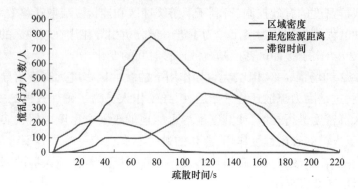

图 7.31 (见彩图)无引导作用场景 3 种因素影响慌乱行为人数

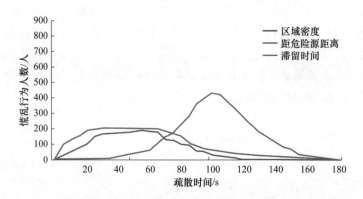

图 7.32 (见彩图)有引导作用场景 3 种因素影响慌乱行为人数

第一阶段为预动作阶段,即 35s 内,位于事件源影响范围内的乘客由于在第一时间感知到危险,立刻表现出慌乱行为,进而加剧了周边人员的局部密度。而影响范围外的乘客需要一定的感知时间才开始疏散迁移行为,即在紧急信号发出后的 15s 内,行人的恐慌程度主要受危险源的距离和局部密度两个因素的影响。

第二阶段为行动阶段,在场景 a-2 中,所有行人由于逃生心理迅速向出口涌动,造成缓冲区的堵塞,堵塞现象反过来又加剧了人员的恐慌程度,在此阶段前期引发恐慌程度的主要因素为局部密度;堵塞在缓冲区的人员由于在系统中的滞留时间超过了自己的心理预期值,因此在无引导作用下的行动阶段后期引发恐慌程度的主要因素为滞留时间。在场景 a-3 中,引导工作人员的有效引导,采取控制措施将人群密度控制在安全范围内,弱化了局部密度对人员恐慌程度的影响,因此,在引导作用下的行动阶段影响人员恐慌程度的主要因素为滞留时间。

基于上述仿真结果分析,可知合理有效地引导能够弱化局部密度对人员恐慌程度的影响,引导作用下有条不紊地疏散迁移有利于缓解人员的恐慌程度。

图 7.33 和图 7.34 所示为场景 a-2 和场景 a-3 的绕行距离频率分布图。无引导作用场景的平均绕行距离为 21.88m,引导作用影响场景的平均绕行距离为 12.80m。即引导作用场景比无引导作用场景的平均绕行距离少 9.08m,绕行幅度相对降低了 41.50%。反映出人员在引导作用下的疏散迁移行为更趋于有序状态。

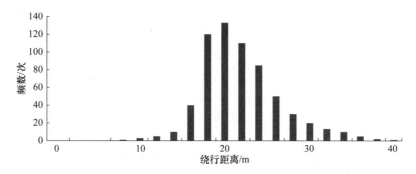

图 7.33　无引导作用绕行距离

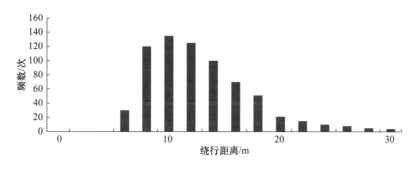

图 7.34　引导作用绕行距离

7.4　本章小结

本章笔者针对服务应用构建关键技术,给出两部分工作。

(1)在区域通行特征分析及趋势预测方面,设计了一种名为 STC-LSTM 的路段行程时间预测模型,STC-LSTM 从时间和空间两个维度来分析历史数据和相邻路段对行程时间预测的影响,用 STC 矩阵描述相邻路段对目标路段的时空相关性影响,与 LSTM 网络结合构建了一个二维的网络结构。使用真实数据进行实验,结果表明所提模型的有效性和更高的预测精度。此外,针对现有道路交通流预测模型难以挖掘出海量交通数据中的深层特征,且通常忽略了道路交通的时空相关性的情况,设计了一种基于 CNN 和 LSTM 神经网络的 CNN-LSTM 模型,该模型吸收了 CNN 和 LSTM 的优点,能够充分挖掘出区域车流量的时空相关性。在北京市所提供出租车轨迹数据上进行试验,结果表明,CNN-LSTM 模型在准确性和稳定性上都优于其他基线方法,也验证了 CNN-LSTM 在处理大范围时空序列数据有着应用潜力。

(2)在城区人群迁移行为分析技术方面,根据现有大多数疏散迁移框架中的没有考虑个人生理特征和对环境的熟悉程度,以及在疏散迁移过程中添加引导员方面的重要作用这一缺点,设计了紧急情况下的多智能体引导者模型的多智能体框架。在多智能体建模上通过感知系统、决策系统、行为系统这些方面上进行群体疏散迁移建模,并添加了引导员模型。此外,以地铁站台紧急疏散为仿真案例,针对仿真实验场景采用 AnyLogic 仿真平台构建仿真模型,并对模型的参数和指标进行设定。在模拟仿真环节,将 3 个仿真场景划分为 2 个对比组,依据总疏散迁移时间、各区域耗用的疏散迁移时间、缓冲区域和连接区域的速度密度随时间的变化、压力行为人数百分比随疏散迁移时间的变化、各时段内各因素引发压力行为人数的变化、绕行距离等指标,分别对比分析恐慌程度和引导作用对疏散迁移时间的影响。疏散迁移过程中人员在恐慌状态下更趋于无序混乱的行为状态,绕行幅度相对增加,但行人疏散迁移时由于恐慌引发的慌乱行为有助于提高整体的疏散迁移效率。疏散迁移过程中引导作用不利于站台区域的安全疏散迁移,但引导作用有利于人群的整体疏散迁移过程,且行人的疏散迁移行为更趋于有序状态,绕行幅度有一定程度的降低。

第8章
总结与展望

8.1 总结

城市感知作为城市计算的首要环节,为城市计算提供了用于知识提取和服务构建的计算资源。本书通过研究以互联网为感知资源的城市感知技术,改善传统城市感知方法在感知范围、感知效率和感知成本方面的局限,给出一个面向互联网资源的城市感知技术框架,并围绕高质量的数据资源发现、语义理解与城市数据高效提取和低质城市数据资源的处理与整合4个方面开展了创新工作。

(1)总结并分析城市计算、群智感知及相关理论方法,建立面向互联网资源的城市感知技术框架。

理清了城市感知的研究路线主要分为5个阶段:信息发现、数据获取、数据管理与处理、城市知识提取和服务构建。框架用于指导城市感知理论体系建设和方法技术的研究,为城市感知及本书内容提供理论支撑。

(2)互联网位置服务数据资源发现技术,给出一种基于网页分析的位置服务数据资源发现模型。

该模型用于发现蕴含位置服务信息的互联网网页数据资源。该模型是基于CNN的分类判别模型,它采用词汇级Word2vec和段落级PV-DM的文本嵌入来表示网页HTML文本序列的语义特征,并利用多级注意计算来引入网页结构特征并提升模型的特征提取能力。实验结果表明,该模型在互联网位置服务数据资源发现的判别任务中优于其他基线模型,在特征表示与学习方面具有优势,具有更好的准确率(96.58%)、召回率(97.49%)、F1分值(97.31%)、ROC曲线和AUC分数(0.9586)。在实验环节所用的PC机上,计算一个网页文本的效率约为0.06s。分析结果发现,该模型能够帮助减少人工判别的成本,使检索目标信息时更快地发现有价值的数据资源。

(3)互联网泛在城市数据获取技术,给出一种基于深度学习的互联网泛在城市文本数据获取方法。

方法主要分为两个部分:①针对纯文本中边界模糊的城市数据,构建基于深度学习的序列标注模型。②面对多源网页数据,结合网页特征与 Web 聚类算法来实现城市文本数据的提取。在序列标注模型方面,为更好地表示中文文本词汇间的特征信息,采用全词掩码策略来训练词嵌入模型(BERT-WWM),并结合序列标注模型(BLSTM-CRF)实现从中文文本中识别城市数据。在城市文本数据提取方面,针对互联网网页资源的特点,基于 OPTICS 的密度聚类算法,学习网页标签中数据存在特性,结合序列标注模型的识别结果来提取网页文本泛在的城市数据。实验结果表明,一方面,BERT-WWM+BLSTM-CRF 城市数据识别模型在中文城市数据标注任务中的性能(POI 名称数据的准确率 90.18%、召回率 98.36%和 F1 分值 93.60%,POI 地址数据的准确率 92.78%、召回率 99.32%和 F1 分值 95.94%)优于其他类似模型。另一方面,数据提取方法(EUWC)能够优化识别模型的数据识别效果,从多源而非单一的网页资源中提取城市文本数据,通过对网页上错误标注为阴性样本的数据进行修正,构建更全面、准确的城市数据集用以服务于城市计算的数据挖掘与分析。

(4)低质城市数据整合与处理技术,为实现位置服务信息补全与自动化的多源数据整合给出两项技术方案。

①针对位置服务数据存在的信息缺失和 POI 文本特征稀疏、字符少的现象,给出一种基于短文本扩展的 POI 城市功能信息补全方法,来自动校正、补全 POI 的城市功能信息。该方法利用搜索引擎数据资源与改进的 SiteQ 段落检索算法来扩充 POI 名称文本,并将扩充后的文本采用基于 ABCNN 的多分类模型来判别该 POI 实体的城市功能类型,用以补充并纠正该实体的位置服务信息。采用公开数据集,通过实验对比该方法与基线方法的性能表现。实验结果表明,该 POI 城市功能信息补全方法相较于基于统计学习的判别模型性能更好,且引入文本扩展和注意力机制后,模型的准确率(86.2%)、精确率(90.2%)、F1 分值(40.7%)等评估指标显著提高。

②面对单一 LBS 数据源的客观性较差、信息不全面的情况,为从各类 LBS 中获取全面、权威的信息,给出一种基于实体对齐的多源位置服务数据整合方法。该方法,首先,利用 POI 实体的多属性信息(地理信息、文本重合信息、语义信息)实现候选实体对的相似度计算。其次,利用粒子群优化算法训练模型并赋值各属性的度量权重。最后,针对不同的数据类型设计整合策略,并利用该整合策略获得位置服务数据。在实验中,利用中文互联网应用中收集的高德地图(Amap)、百度地图(Baidu map)和腾讯地图(QQmap)3 种地图类应用中的实体数据来验证本方法的有效性。实验结果表明,多属性度量方法(准确率为 0.99)优于单一属性(地理位置相似度、名称语义相似度、名称文本重合度、地址语义相似度和地址文本重合度)的度量方法(准确率分别为 0.89、0.77、0.81、0.54、0.61),且结合 BERT 模型

的语义相似度表达优于传统语义相似度度量方法。证明该方法能够在城市感知的数据整合方面帮助人们自动化地获得全面和客观的位置服务信息。

(5)实体关系表示与城市知识提取技术,面向大规模互联网文本数据资源,给出一种基于远程监督学习的实体关系提取模型。

该模型基于远程监督学习构建实体对包,来解决互联网大规模文本数据存在的计算复杂度和时间成本高的情况。设计基于BERT和实体位置关系的嵌入表示方法,提升输入特征的语义信息和上下文时序信息的表达能力。在远程监督学习的基础上,构建注意力矩阵以优化实体对包的标记注意参数,从而缓解远程监督学习产生的错误标签问题。在实验环节,设计了held-out和Top N实验以验证给出的ARCNN模型的性能超过其他基线模型,证明了该技术方案在实体关系知识提取方面的积极贡献。

(6)服务应用构建技术,该部分主要分为两个方面工作。

①针对路段行程时间预测和交通流预测问题,给出技术方案,采用深度学习方法,充分考虑交通数据的时空相关性,以海量真实轨迹数据为基础,进行了交通信息预测。构建了基于LSTM神经网络和STC矩阵的路段行程时间预测模型。该模型相比于LSTM、SVM、ARIMA、HA模型,具有更高的预测精度。此外,针对交通流预测问题,给出了一种基于卷积循环神经的预测模型。该模型采用一种基于经纬度的分割方法和网格统计将整个城市车流量处理为一系列静态图像,从而实现对整个城市车流量的预测。该模型将CNN和LSTM结合在一起,并以此为基础构建了CNN-LSTM城市区域车流量预测模型。利用北京市出租车轨迹数据构建的两个模型,对未来5min、10min和15min的城市区域形成时间和车流量进行预测,实验结果表明,本模型相比LSTM、LSSVM、ARIMA等模型,精度更高,预测更稳定。此研究工作从路段行程时间和交通流精准预测的方面为出行规划任务提供技术基础。

②针对乘客在心理恐慌作用和引导员引导作用下的疏散迁移行为设计了一种针对紧急疏散场景的改进社会力模型。将恐慌程度和引导员引导作用加入模型,以行人自驱动力和引导员和行人间吸引力的方式构建社会力模型,使之更符合紧急疏散场景下的行人运动行为。从行人运动行为和紧急场景特性分析出发,研究紧急疏散时人员的心理状态、个体行为和群体行为特征,建立多智能体仿真模型。在智能体行为模型构建的过程中,将本书中的改进社会力模型作为智能体的行为规则,分别构建有无恐慌程度作用、引导作用和多因素作用下的迁移模型。通过对比有无恐慌程度和引导作用的场景,探究行人疏散过程中的行为特性和对疏散过程产生影响的因素。在恐慌状态下的疏散行为更加混乱无序,但是慌乱行为有利于提高整体的疏散效率。行人在恐慌状态下绕行幅度相对增加,但疏散效率有所提高。引导作用下人员的绕行幅度相对降低,疏散迁移行为更趋于有序状态。但

是引导作用不利于站台区域的安全疏散。该研究工作为应急事件响应下的人群疏散提供技术参考。

8.2 未来展望

本书针对若干关键环节尝试解决，面向互联网位置服务资源的城市感知关键技术问题仍存在部分局限，主要包含以下3个方面：

(1) 在互联网位置服务资源发现(第3章)、城市数据识别与获取(第4章)和低质城市数据整合与处理(第5章)的内容中，对网页文本数据的城市感知进行了较为深入的探究，但网页中存在文本数据外的其他数据类型(如图片数据、视频数据和音频数据等)仍需要进一步研究。

(2) 本书所涉及的城市数据主要为兴趣点实体、轨迹数据等城市数据挖掘，未对更多类型知识提取与应用构建环节开展工作。兴趣点数据在为用户提供位置服务时有许多应用方式等待开发，如旅游推荐、周边查询、城区功能划分和按需选址等。此外，应对更多类型城市数据开展城市计算技术应用服务构建，除城市兴趣点数据、轨迹术及路网数据外，还包含许多其他类型城市数据，如气象数据、环境数据、传感器数据等。

(3) 本书中基于实体对齐的多源位置服务数据整合方法(第5章)，在模型训练方面采用了粒子群优化算法。该方法没有实现非线性计算，因此，该方法在实现较好性能的同时可能存在某些隐含特性没有表达的情况，计划未来开展针对权值赋予方式的改进工作。同时，应对各度量属性间对实体对齐结果的影响进行进一步的分析，总结规律，以期实现可解释性更强的实体对齐模型。

(4) 本书中的两个预测模型(7.2节)存在待完善之处。在路径行程时间预测方面，本书技术方案主要面向的是路段行程时间预测，但出行者更关注的是从出发地到目的地所需时间，路径行程时间不是几个路段行程时间的简单相加，要考虑排队延误、信号灯延误等多个因素，下一步可以对路径行程时间进行深入研究。在城市区域车流量预测方面。在城市区域车流量预测技术中，本书主要采用出租车数据，但在现实生活中，出租车在道路中占比较低，无法完全真实地反映道路车流量状况。在下一步工作中，可以融合固定检测器、视频检测器等不同数据，更真实地反映道路车流量状况。

(5) 本书在引导作用相关模型(7.3.2节)中，将疏堵引导智能体视为虚拟的智能体。在模型构建方面考虑了人员诱导因素，但未考虑其他诱导策略，如疏散标志的设置、标志的个数等对疏散人员的影响。未来计划从增加诱导措施的角度提出切实可行的优化方案，为地铁车站的布局设计和建设以及疏散管理提供建议和意见。

城市计算是一个解决城市各类发展面临的挑战的学科,城市感知作为开展城市计算研究的基础存在许多理论技术及关键问题有待完善、攻破与解决。笔者认为城市感知理论体系、方法研究及技术攻关需要不断地探索与深入,主要方向如下:

1)感知更广的数据资源

围绕互联网数据资源的城市感知方法和技术,由于城市数据类型有许多包含图片、视频、音频等各种数据存储结构,未来应针对异构城市数据开展更多方面的城市感知,发现信息资源并构建多源异构的大规模城市数据集合,利用异构数据间的关系知识,构建更多领域、更好体验的服务应用。

2)感知更深的城市知识

本书主要开展了城市感知在信息发现、数据获取和城市数据处理与管理、有效知识的提取和服务应用构建5个方面的关键技术问题解决。未来将在上述城市感知工作的基础上,深入开展更多的城市知识服务工作,使城市感知的研究带来实际效用,基于数据挖掘分析和知识工程等理论方法将城市感知技术所提取的知识构建成智能化的应用,服务于城市各行业的发展中。

3)感知方法及技术的不断扩展

随着城市智能化建设的不断发展、计算机硬件计算能力的不断提升和高性能算法的不断革新。在群智感知技术日益更新的现状下,面对越来越多样化、专业化的感知任务需求,需要扩展城市感知理论建设和方法技术,推进算法革新、传感设备革新、感知策略革新和多学科知识融合等。

参考文献

[1] Zheng Y, Capra L, Wolfson O, et al. Urban computing: concepts, methodologies, and applications[J]. ACM Transactions on Intelligent Systems and Technology (TIST), 2014, 5(3): 1-55.

[2] 郑宇. 城市计算概述[J]. 武汉大学学报(信息科学版), 2015, 40(1): 1-13.

[3] 马照亭, 刘勇, 沈建明, 等. 智慧城市时空大数据平台建设的问题思考[J]. 测绘科学, 2019, 44(06): 279-284.

[4] 王静远, 李超, 熊璋, 等. 以数据为中心的智慧城市研究综述[J]. 计算机研究与发展, 2014, 51(2): 239-259.

[5] Howe J. The rise of crowdsourcing[J]. Wired Magazine, 2006, 14(6): 1-4.

[6] Mortensen M. Conflictual media events, eyewitness images, and the Boston marathon bombing[J]. Journalism Practice, 2015, 9(4): 536-551.

[7] Schafer V, Truc G, Badouard R, et al. Paris and nice terrorist attacks: Exploring Twitter and web archives [J]. Media, War & Conflict, 2019, 12(2): 153-170.

[8] Ruan S, Bao J, Liang Y, et al. Dynamic public resource allocation based on human mobility prediction[J]. Proceedings of the ACM on Interactive, Mobile, Wearable and Ubiquitous Technologies, 2020, 4(1): 1-22.

[9] Chen F, Deng P, Wan J, et al. Data mining for the internet of things: literature review and challenges[J]. International Journal of Distributed Sensor Networks, 2015, 11(8): 431047.

[10] 谢星辰. 互联网人物属性识别与融合方法研究[D]. 成都: 电子科技大学, 2018.

[11] Ji Z, Sun A, Cong G, et al. Joint recognition and linking of fine-grained locations from tweets[C]. Proceedings of the 25th International Conference on World Wide web, 2016.

[12] Gao S, Janowicz K, Couclelis H. Extracting urban functional regions from points of interest and human activities on location-based social networks[J]. Transactions in GIS, 2017, 21(3): 446-467.

[13] Li D, Shan J, Shao Z, et al. Geomatics for smart cities-concept, key techniques, and applications[J]. Geo-spatial Information Science, 2013, 16(1): 13-24.

[14] Bermudez-Edo M, Barnaghi P. Spatio-temporal analysis for smart city data[C]. Companion Proceedings of the The Web Conference, 2018.

[15] Sun J, Zhang J, Li Q, et al. Predicting citywide crowd flows in irregular regions using multi-view graph convolutional networks[J]. arXiv preprint arXiv: 1903.07789, 2019.

[16] Zhang X, Huang C, Xu Y, et al. Traffic flow forecasting with spatial-temporal graph diffusion network[C]. Proceedings of the AAAI Conference on Artificial Intelligence, 2021.

[17] Ceapa I, Smith C, Capra L. Avoiding the crowds: understanding tube station congestion patterns from trip data[C]//Proceedings of the ACM SIGKDD international workshop on urban computing, 2012.

[18] Li Y, Zheng Y, Yang Q. Efficient and effective express via contextual cooperative reinforcement learning [C]//Proceedings of the 25th ACM SIGKDD International Conference on Knowledge Discovery & Data Mining, 2019.

[19] Pan Z, Liang Y, Wang W, et al. Urban traffic prediction from spatio-temporal data using deep meta learning[C]//Proceedings of the 25th ACM SIGKDD International Conference on Knowledge Discovery & Data Mining, 2019.

[20] Yi X, Zhang J, Wang Z, et al. Deep distributed fusion network for air quality prediction[C]. Proceedings of the 24th ACM SIGKDD International Conference on Knowledge Discovery & Data Mining, 2018.

[21] Ren K, Wu Y, Zhang H, et al. Visual Analytics of Air Pollution Propagation Through Dynamic Network Analysis[J]. IEEE Access, 2020, 8: 205289-205306.

[22] 杨张婧,阎威武,王国良,等. 基于大数据的城市空气质量时空预测模型[J]. 控制工程, 2020, 27(11):1859-1866.

[23] Wang Y, Zheng Y, Liu T. A noise map of New York city[C]. Proceedings of the 2014 ACM International Joint Conference on Pervasive and Ubiquitous Computing: Adjunct Publication. 2014.

[24] Zheng Y, Liu T, Wang Y, et al. Diagnosing New York city's noises with ubiquitous data[C]. Proceedings of the 2014 ACM International Joint Conference on Pervasive and Ubiquitous Computing, 2014.

[25] Wang Z, Zhang J, Ji S, et al. Predicting and ranking box office revenue of movies based on big data[J]. Information Fusion, 2020, 60: 25-40.

[26] He T, Bao J, Ruan S, et al. Interactive Bike Lane Planning using Sharing Bikes' Trajectories[J]. IEEE Transactions on Knowledge and Data Engineering, 2019, 32(8): 1529-1542.

[27] 李娅,刘亚岚,任玉环,等[J]. 城市功能区语义信息挖掘与遥感分类[J]. 中国科学院大学学报, 2019, 36(01): 56-63.

[28] 董墨萱. 基于微信数据和兴趣点的城市功能区识别研究[D]. 金华:浙江师范大学, 2017.

[29] 路新江. 基于移动感知数据的城市兴趣点生命周期预测研究[D]. 西安:西北工业大学, 2018.

[30] 王森,肖渝,黄群英,等. 基于社交大数据挖掘的城市灾害分析:纽约市桑迪飓风的案例[J]. 国际城市规划, 2018, 33(04): 84-92.

[31] Zhang H, Zheng Y, Yu Y. Detecting urban anomalies using multiple spatio-temporal data sources[J]. Proceedings of the ACM on Interactive, Mobile, Wearable and Ubiquitous Technologies, 2018, 2(1): 1-18.

[32] Yuan Z, Zhou X, Yang T. Hetero-convlstm: A deep learning approach to traffic accident prediction on heterogeneous spatio-temporal data[C]. Proceedings of the 24th ACM SIGKDD International Conference on Knowledge Discovery & Data Mining, 2018.

[33] Huang C, Zhang J, Zheng Y, et al. DeepCrime: attentive hierarchical recurrent networks for crime prediction[C]. Proceedings of the 27th ACM International Conference on Information and Knowledge Management, 2018.

[34] Subramaniyaswamy V, Vaibhav M V, Prasad R V, et al. Predicting movie box office success using multiple regression and SVM[C]. 2017 International Conference on Intelligent Sustainable Systems (ICISS). IEEE, 2017.

[35] Yin H, Zhou X, Cui B, et al. Adapting to user interest drift for poi recommendation[J]. IEEE Transactions on Knowledge and Data Engineering, 2016, 28(10): 2566-2581.

[36] Guo B, Li J, Zheng V W, et al. Citytransfer: Transferring inter- and intra-city knowledge for chain store site recommendation based on multi-source urban data[J]. Proceedings of the ACM on Interactive, Mobile,

Wearable and Ubiquitous Technologies, 2018, 1(4): 1-23.

[37] Porta S, Latora V, Wang F, et al. Street centrality and the location of economic activities in Barcelona[J]. Urban Studies, 2012, 49(7): 1471-1488.

[38] Karamshuk D, Noulas A, Scellato S, et al. Geo-spotting: mining online location-based services for optimal retail store placement[C]. Proceedings of the 19th ACM SIGKDD International Conference on Knowledge discovery and Data Mining, 2013.

[39] Wang L, Guo B, Yang Q. Smart city development with urban transfer learning[J]. Computer, 2018, 51(12): 32-41.

[40] Fu Y, Xiong H, Ge Y, et al. Exploiting geographic dependencies for real estate appraisal: a mutual perspective of ranking and clustering[C]. Proceedings of the 20th ACM SIGKDD International Conference on Knowledge Discovery and Data Mining, 2014.

[41] Qin H, Ke S, Yang X, et al. Robust Spatio-Temporal Purchase Prediction via Deep Meta Learning[C]. Proceedings of the AAAI Conference on Artificial Intelligence, 2021.

[42] Ji S, Zheng Y, Wang Z, et al. A deep reinforcement learning-enabled dynamic redeployment system for mobile ambulances[J]. Proceedings of the ACM on Interactive, Mobile, Wearable and Ubiquitous Technologies, 2019, 3(1): 1-20.

[43] Ruan S, Xiong Z, Long C, et al. Doing in one go: Delivery time inference based on couriers' trajectories[C]. Proceedings of the 26th ACM SIGKDD International Conference on Knowledge Discovery & Data Mining, 2020.

[44] Karaşan A, Kaya İ, Erdoğan M. Location selection of electric vehicles charging stations by using a fuzzy MCDM method: a case study in Turkey[J]. Neural Computing and Applications, 2020, 32(9): 4553-4574.

[45] Xiong Y, Gan J, An B, et al. Optimal electric vehicle fast charging station placement based on game theoretical framework[J]. IEEE Transactions on Intelligent Transportation Systems, 2017, 19(8): 2493-2504.

[46] Campbell A T, Eisenman S B, Lane N D, et al. People-centric urban sensing[C]. Proceedings of the 2nd annual International Workshop on Wireless Internet, 2006.

[47] Ghahramani M, Zhou M C, Wang G. Urban sensing based on mobile phone data: approaches, applications, and challenges[J]. IEEE/CAA Journal of Automatica Sinica, 2020, 7(3): 627-637.

[48] Injadat M N, Salo F, Nassif A B. Data mining techniques in social media: A survey[J]. Neurocomputing, 2016, 214: 654-670.

[49] Ren D, Zhang X, Wang Z, et al. Weiboevents: A crowd sourcing weibo visual analytic system[C]. IEEE Pacific Visualization Symposium, 2014.

[50] 吴礼华. 基于手机记录数据的城市空间感知及应用研究[D]. 武汉:武汉大学, 2016.

[51] 向峰. 基于移动网络数据的用户行为与城市感知研究[D]. 武汉:华中科技大学, 2014.

[52] Liu Z, Li Z, Wu K. UniTask: a unified task assignment design for mobile crowdsourcing-based urban sensing[J]. IEEE Internet of Things Journal, 2019, 6(4): 6629-6641.

[53] Yu Z, Du R, Guo B, et al. Who should I invite for my party? Combining user preference and influence maximization for social events[C]. Proceedings of the 2015 ACM International Joint Conference on Pervasive and Ubiquitous computing, 2015.

[54] Liu Y, Guo B, Wang Y, et al. TaskMe: Multi-task allocation in mobile crowd sensing[C]. Proceedings of the 2016 ACM International Joint Conference on Pervasive and Ubiquitous Computing, 2016.

[55] Jing Y, Guo B, Liu Y, et al. CrowdTracker: object tracking using mobile crowd sensing[C]. Proceedings

of the 2017 ACM International Joint Conference on Pervasive and Ubiquitous Computing and Proceedings of the 2017 ACM International Symposium on Wearable Computers, 2017.

[56] Guo B, Chen H, Yu Z, et al. FlierMeet: a mobile crowdsensing system for cross-space public information reposting, tagging, and sharing[J]. IEEE Transactions on Mobile Computing, 2014, 14(10): 2020-2033.

[57] Chen H, Guo B, Yu Z, et al. Toward real-time and cooperative mobile visual sensing and sharing[C]. IEEE INFOCOM 2016 - The 35th Annual IEEE International Conference on Computer Communications. IEEE, 2016.

[58] Zhang J, Guo B, Han Q, et al. CrowdStory: multi-layered event storyline generation with mobile crowdsourced data[C]. Proceedings of the 2016 ACM International Joint Conference on Pervasive and Ubiquitous Computing: Adjunct, 2016.

[59] Yu Z, Tian M, Wang Z, et al. Shop-type recommendation leveraging the Data from social media and location-based services[J]. ACM Transactions on Knowledge Discovery from Data (TKDD), 2016, 11(1): 1-21.

[60] Guo B, Ouyang Y, Zhang C, et al. Crowdstory: Fine-grained event storyline generation by fusion of multimodal crowdsourced data[J]. Proceedings of the ACM on Interactive, Mobile, Wearable and Ubiquitous Technologies, 2017, 1(3): 1-19.

[61] Guo B, Wang Z, Yu Z, et al. Mobile crowd sensing and computing: The review of an emerging human-powered sensing paradigm[J]. ACM Computing Surveys (CSUR), 2015, 48(1): 1-31.

[62] Ge M, Bangui H, Buhnova B. Big data for internet of things: a survey[J]. Future generation computer systems, 2018, 87: 601-614.

[63] Hand D J, Adams N M. Data Mining[J]. Wiley StatsRef: Statistics Reference Online, 2014: 1-7.

[64] Mughal M J H. Data mining: Web data mining techniques, tools and algorithms: An overview[J]. Information Retrieval, 2018, 9(6):208-215.

[65] Rathore M M, Paul A, Hong W H, et al. Exploiting IoT and big data analytics: Defining smart digital city using real-time urban data[J]. Sustainable Cities and Society, 2018, 40: 600-610.

[66] Gök A, Waterworth A, Shapira P. Use of web mining in studying innovation[J]. Scientometrics, 2015, 102(1): 653-671.

[67] 施生生. 精确 Web 信息抽取关键技术与系统研究[D]. 南京:南京大学, 2017.

[68] 饶加旺,王勇,马荣华. 文本大数据的智慧城市研究与分析[J]. 测绘科学,2020,45(07):170-180.

[69] Ristoski P, Paulheim H. Semantic Web in data mining and knowledge discovery: A comprehensive survey [J]. Journal of Web Semantics, 2016, 36: 1-22.

[70] Pappu A, Blanco R, Mehdad Y, et al. Lightweight multilingual entity extraction and linking[C]. Proceedings of the Tenth ACM International Conference on Web Search and Data Mining, 2017.

[71] Ma L, Wang Z, Zhang Y. Extracting depression symptoms from social networks and web blogs via text mining[C]//International Symposium on Bioinformatics Research and Applications. Springer, Cham, 2017.

[72] Hu Z, Liu W, Bian J, et al. Listening to chaotic whispers: A deep learning framework for news-oriented stock trend prediction[C]. Proceedings of the Eleventh ACM International Conference on Web Search and Data Mining, 2018.

[73] Kahya-Özyirmidokuz E. Analyzing unstructured Facebook social network data through web text mining: A study of online shopping firms in Turkey[J]. Information Development, 2016, 32(1): 70-80.

[74] Gasparetti F. Modeling user interests from web browsing activities[J]. Data Mining and Knowledge Discov-

ery, 2017, 31(2): 502-547.

[75] Parvathy G, Bindhu J S. A probabilistic generative model for mining cybercriminal network from online social media: a review[J]. International Journal of Computer Applications, 2016, 134(14): 1-4.

[76] Nesi P, Pantaleo G, Tenti M. Ge (o) lo (cator): Geographic information extraction from unstructured text data and web documents[C]. 2014 9th International Workshop on Semantic and Social Media Adaptation and Personalization. IEEE, 2014.

[77] McKenzie G, Adams B. A data-driven approach to exploring similarities of tourist attractions through online reviews[J]. Journal of Location Based Services, 2018, 12(2): 94-118.

[78] Dvan Weerdenburg D, Scheider S, Adams B, et al. Where to go and what to do: Extracting leisure activity potentials from Web data on urban space[J]. Computers, Environment and Urban Systems, 2019, 73: 143-156.

[79] Hsu K H, Chuang H M, Chou C L, et al. 应用兴趣点辨识技术从 Web 中挖掘新商家资讯(Mining POIs from Web via POI recognition and Relation Verification)[In Chinese] [C]. Proceedings of the 29th Conference on Computational Linguistics and Speech Processing (ROCLING 2017), 2017.

[80] Zhang C, Zhou G, Yuan Q, et al. Geoburst: Real-time local event detection in geo-tagged tweet streams [C]. Proceedings of the 39th International ACM SIGIR conference on Research and Development in Information Retrieval, 2016.

[81] 郭喜跃, 何婷婷. 信息抽取研究综述[J]. 计算机科学, 2015, 42(02): 14-17, 38.

[82] Chuang H M, Chang C H, Kao T Y, et al. Enabling maps/location searches on mobile devices: constructing a POI database via focused crawling and information extraction[J]. International Journal of Geographical Information ence, 2016, 30(7-8):1405-1425.

[83] Gu Y, Qian Z, Chen F, et al. From Twitter to detector: real-time traffic incident detection using social media data[J]. Transportation Research Part C-emerging Technologies, 2016, 67(67): 321-342.

[84] Hennig L, Thomas P, Ai R, et al. Real-Time discovery and geospatial visualization of mobility and industry events from large-scale, heterogeneous data streams[C]. Meeting of the Association for Computational Linguistics, 2016.

[85] Zhang W, Gelernter J. Geocoding location expressions in Twitter messages: A preference learning method [J]. Journal of Spatial Information Science, 2014, 2014(9): 37-70.

[86] Al-Olimat H S, Thirunarayan K, Shalin V L, et al. Location Name Extraction from Targeted Text Streams using Gazetteer-based Statistical Language Models[C]. Proceedings of the 27th International Conference on Computational Linguistics, 2018.

[87] Li C, Sun A. Fine-grained location extraction from tweets with temporal awareness[C]//International Acm sigir Conference on Research and Development in Information Retrieval, 2014.

[88] Flatow D, Naaman M, Xie K E, et al. On the accuracy of hyper-local geotagging of social media content [C]. Web Search and Data Mining, 2015.

[89] Tigunova A, Lee J, Nobari S, et al. Location prediction via social contents and behaviors: Location-Aware behavioral LDA[C]//International conference on data mining, 2015.

[90] Ishida K. Estimation of user location and local topics based on geo-tagged text data on social media[C]. International conference on advanced applied informatics, 2015.

[91] Liu L, Shang J, Ren X, et al. Empower sequence labeling with task-aware neural language model[C]. Proceedings of the AAAI Conference on Artificial Intelligence, 2018.

[92] Tomori S, Ninomiya T, Mori S. Domain specific named entity recognition referring to the real world by deep neural networks[C]. Proceedings of the 54th Annual Meeting of the Association for Computational Linguistics (Volume 2: Short Papers), 2016.

[93] 刘经南,方媛,郭迟,等. 位置大数据的分析处理研究进展[J]. 武汉大学学报(信息科学版),2014,39(04):379-385.

[94] 胡燕. 基于Web信息抽取的专业知识获取方法研究[D]. 武汉:武汉理工大学,2007.

[95] Onan A, Korukoğlu S, Bulut H. Ensemble of keyword extraction methods and classifiers in text classification[J]. Expert Systems with Applications, 2016, 57: 232-247.

[96] Ji Z, Sun A, Cong G, et al. Joint recognition and linking of fine-grained locations from tweets[C]//Proceedings of the 25th international conference on world wide web, 2016.

[97] McKenzie G, Adams B. A data-driven approach to exploring similarities of tourist attractions through online reviews[J]. Journal of Location Based Services, 2018, 12(2): 94-118.

[98] Dvan Weerdenburg D, Scheider S, Adams B, et al. Where to go and what to do: Extracting leisure activity potentials from Web data on urban space[J]. Computers, Environment and Urban Systems, 2019, 73: 143-156.

[99] 周傲英,杨彬,金澈清,等. 基于位置的服务:架构与进展[J]. 计算机学报,2011,34(07):1155-1171.

[100] 王华平,李飞,廖芮. 基于SoLoMo模式的位置服务在医学图书馆信息服务中的应用[J]. 教育教学论坛,2018(20):12-13.

[101] Zhang W, Chong Z, Li X, et al. Spatial patterns and determinant factors of population flow networks in China: Analysis on Tencent Location Big Data[J]. Cities, 2020, 99: 102640.

[102] Barns S. Smart cities and urban data platforms: Designing interfaces for smart governance[J]. City, culture and society, 2018, 12: 5-12.

[103] Li R, He H, Wang R, et al. Just: Jd urban spatio-temporal data engine[C]. 2020 IEEE 36th International Conference on Data Engineering (ICDE). IEEE, 2020.

[104] 何宛余,李春,聂广洋,等. 深度学习在城市感知的应用可能:基于卷积神经网络的图像判别分析[J]. 国际城市规划,2019,34(01):8-17.

[105] Onan A. Classifier and feature set ensembles for web page classification[J]. Journal of Information Science, 2016, 42(2): 150-165.

[106] Mikolov T, Chen K, Corrado G, et al. Efficient estimation of word representations in vector space[J]. arXiv preprint arXiv:1301.3781, 2013.

[107] Devlin J, Chang M W, Lee K, et al. Bert: Pre-training of deep bidirectional transformers for language understanding[J]. arXiv preprint arXiv:1810.04805, 2018.

[108] Jiang S, Alves A, Rodrigues F, et al. Mining point-of-interest data from social networks for urban land use classification and disaggregation - ScienceDirect[J]. Computers, Environment and Urban Systems, 2015, 53: 36-46.

[109] Adams B, Mckenzie G. Crowdsourcing the character of a place: Character-level convolutional networks for multilingual geographic text classification[J]. Transactions in Gis, 2018, 22(2): 394-408.

[110] Ma X, Hovy E H. End-to-end sequence labeling via bi-directional LSTM-CNNs-CRF[C]. Meeting of the association for computational linguistics, 2016.

[111] Zhang Y, Yang J. Chinese NER using lattice LSTM[C]. Meeting of the association for computational lin-

guistics, 2018.

[112] Zhu F, Zhao T, Liu Y, et al. Research on Chinese address resolution model based on conditional random field[J]. Journal of Physics Conference Series, 2018, 1875(5): 052040.

[113] 任颖,李华伟,吕红. 基于网页结构特征的中文命名实体识别和关联算法[J]. 自动化技术与应用, 2012, 31(01): 28-31.

[114] Zhang Y, Yao L. Mining POI alias from microblog conversations[C]. Pacific-Asia Conference on Knowledge Discovery and Data Mining. Springer, Cham, 2018.

[115] 廖健平. 基于中文文本的地名要素关联方法[D]. 南京:南京师范大学, 2016.

[116] 温春,石昭祥,辛元. 基于扩展关联规则的中文非分类关系抽取[J]. 计算机工程,2009,35(24): 63-65.

[117] 甘丽新,万常选,刘德喜,等. 基于句法语义特征的中文实体关系抽取[J]. 计算机研究与发展, 2016,53(02):284-302.

[118] Zeng D, Liu K, Lai S, et al. Relation classification via convolutional deep neural network[C]. Proceedings of COLING 2014, the 25th International Conference on Computational Linguistics: Technical Papers, 2014.

[119] Zhou P, Shi W, Tian J, et al. Attention-based bidirectional long short-term memory networks for relation classification[C]. Proceedings of the 54th Annual Meeting of the Association for Computational Linguistics (Volume 2: Short Papers), 2016.

[120] Miwa M, Bansal M. End-to-End relation extraction using lstMs on sequences and tree structures[C]// Annual meeting of the association for computational linguistics, 2016.

[121] Zeng D, Liu K, Chen Y, et al. Distant supervision for relation extraction via piecewise convolutional neural networks [C]//Proceedings of the 2015 Conference on Empirical Methods in Natural Language Processing, 2015.

[122] Lin Y, Shen S, Liu Z, et al. Neural relation extraction with selective attention over instances[C]. Proceedings of the 54th Annual Meeting of the Association for Computational Linguistics (Volume 1: Long Papers), 2016.

[123] 苏贵洋,李建华,马颖华,等. 用于中文色情文本过滤的近邻法构造算法[J]. 上海交通大学学报, 2004 (S1): 76-79.

[124] Sheu J J. Distinguishing medical web pages from pornographic ones: An efficient pornography websites filtering method[J]. IJ Network Security, 2017, 19(5): 839-850.

[125] 徐雅斌,李卓,陈俊伊. 基于改进K最近邻分类算法的不良网页并行识别[J]. 计算机应用, 2013, 33(12): 3368-3371.

[126] 顾敏,郭庆,曹妒,等. 基于结构和文本特征的网页分类技术研究[J]. 中国科学技术大学学报, 2017, 47(4): 290-296.

[127] Kan M Y, Thi H O N. Fast webpage classification using URL features[C]. Proceedings of the 14th ACM international conference on Information and knowledge management, 2005.

[128] 邓玺. 基于深度学习的网页分类技术研究[D]. 北京:中国地质大学, 2019.

[129] Buber E, Diri B. Web Page Classification Using RNN[J]. Procedia Computer Science, 2019, 154: 62-72.

[130] Ray A, Rajeswar S, Chaudhury S. Text recognition using deep BLSTM networks[C]. Eighth international conference on advances in pattern recognition (ICAPR). IEEE, 2015.

[131] Liu P, Qiu X, Huang X. Recurrent neural network for text classification with multi-task learning[J]. arXiv preprint arXiv:1605.05101, 2016.

[132] 赵富,杨洋,蒋瑞,张利君,等. 融合词性的双注意力 Bi-LSTM 情感分析[J]. 计算机应用, 2018, 38(S2):103-106+147.

[133] 周飞燕,金林鹏,董军. 卷积神经网络研究综述[J]. 计算机学报, 2017, 40(06):1229-1251.

[134] Bahdanau D, Cho K, Bengio Y. Neural machine translation by jointly learning to align and translate[J]. arXiv preprint arXiv:1409.0473, 2014.

[135] Yin W, Schütze H, Xiang B, et al. Abcnn: Attention-based convolutional neural network for modeling sentence pairs[J]. arXiv preprint arXiv:1512.05193, 2015.

[136] Luong M, Manning C D. Effective approaches to attention-based neural machine translation[C]. Proceedings of the 2015 Conference on Empirical Methods in Natural Language Processing, 2015.

[137] 周超然,赵建平,马太,等. 基于注意力机制和集成学习的网页黑名单判别方法[J]. 计算机应用, 2021,41(1):133-138.

[138] Le Q, Mikolov T. Distributed representations of sentences and documents[C]. International Conference on Machine Learning, 2014.

[139] Andrychowicz M, Denil M, Gomez S, et al. Learning to learn by gradient descent by gradient descent[C]. Advances in Neural Information Processing Systems, 2016.

[140] Srivastava N, Hinton G, Krizhevsky A, et al. Dropout: a simple way to prevent neural networks from overfitting[J]. The journal of machine learning research, 2014, 15(1):1929-1958.

[141] Zhou Z H, Wu J, Tang W. Ensembling neural networks: many could be better than all[J]. Artificial Intelligence, 2002, 137(1/2):239-263.

[142] Breiman L. Bagging predictors[J]. Machine learning, 1996, 24(2):123-140.

[143] Bansal J C. Particle swarm optimization[M]. Evolutionary and Swarm Intelligence Algorithms. Springer, Cham, 2019:11-23.

[144] Fatima S, Srinivasu B. Text Document categorization using support vector machine[J]. International Research Journal of Engineering and Technology (IRJET), 2017, 4(2):141-147.

[145] Khamar K. Short text classification using kNN based on distance function[J]. International Journal of Advanced Research in Computer and Communication Engineering, 2013, 2(4):1916-1919.

[146] Conneau A, Schwenk H, Barrault L, et al. Very deep convolutional networks for text classification[J]. arXiv preprint arXiv:1606.01781, 2016.

[147] Zulqarnain M, Ghazali R, Ghouse M G, et al. Efficient processing of GRU based on word embedding for text classification[J]. JOIV: International Journal on Informatics Visualization, 2019, 3(4):377-383.

[148] Seyler D, Dembelova T, Del Corro L, et al. A study of the importance of external knowledge in the named entity recognition task[C]. Proceedings of the 56th Annual Meeting of the Association for Computational Linguistics (Volume 2: Short Papers), 2018.

[149] Mansouri A, Affendey L S, Mamat A. Named entity recognition approaches[J]. International Journal of Computer Science and Network Security, 2008, 8(2):339-344.

[150] Steinkamp J M, Chambers C, Lalevic D, et al. Toward complete structured information extraction from radiology reports using machine learning[J]. Journal of digital imaging, 2019, 32(4):554-564.

[151] Woodward D, Witmer J, Kalita J. A comparison of approaches for geospatial entity extraction from Wikipedia[C]. 2010 IEEE Fourth International Conference on Semantic Computing. IEEE, 2010.

[152] Inkpen D, Liu J, Farzindar A, et al. Location detection and disambiguation from twitter messages[J]. Journal of Intelligent Information Systems, 2017, 49(2): 237-253.

[153] Yadav V, Bethard S. A survey on recent advances in named entity recognition from deep learning models [J]. arXiv preprint arXiv:1910.11470, 2019.

[154] Li J, Sun A, Han J, et al. A survey on deep learning for named entity recognition[J]. arXiv preprint arXiv:1812.09449, 2018.

[155] Dong C, Zhang J, Zong C, et al. Character-based LSTM-CRF with radical-level features for Chinese named entity recognition[M]. Natural Language Understanding and Intelligent Applications. Springer, Cham, 2016: 239-250.

[156] Tomori S, Ninomiya T, Mori S. Domain specific named entity recognition referring to the real world by deep neural networks[C]. Proceedings of the 54th Annual Meeting of the Association for Computational Linguistics (Volume 2: Short Papers), 2016.

[157] Strubell E, Verga P, Belanger D, et al. Fast and accurate entity recognition with iterated dilated convolutions[J]. arXiv preprint arXiv:1702.02098, 2017.

[158] Huang Z, Xu W, Yu K. Bidirectional LSTM-CRF models for sequence tagging[J]. arXiv preprint arXiv:1508.01991, 2015.

[159] Wang W, Bao F, Gao G. Mongolian named entity recognition with bidirectional recurrent neural networks [C]. 2016 IEEE 28th International Conference on Tools with Artificial Intelligence (ICTAI). IEEE, 2016.

[160] Giorgi J M, Bader G D. Transfer learning for biomedical named entity recognition with neural networks[J]. Bioinformatics, 2018, 34(23): 4087-4094.

[161] Vaswani A, Shazeer N, Parmar N, et al. Attention is all you need[C]. Advances in Neural Information processing systems, 2017.

[162] Peters M E, Ammar W, Bhagavatula C, et al. Semi-supervised sequence tagging with bidirectional language models[J]. arXiv preprint arXiv:1705.00108, 2017.

[163] Logeswaran L, Lee H. An efficient framework for learning sentence representations[J]. arXiv preprint arXiv:1803.02893, 2018.

[164] Howard J, Ruder S. Universal language model fine-tuning for text classification[J]. arXiv preprint arXiv:1801.06146, 2018.

[165] Radford A, Narasimhan K, Salimans T, et al. Improving language understanding with unsupervised learning[J]. Technical report, OpenAI, 2018, 4.

[166] Cui Y, Che W, Liu T, et al. Pre-training with whole word masking for chinese bert[J]. arXiv preprint arXiv:1906.08101, 2019.

[167] Shiau W L, Dwivedi Y K, Yang H S. Co-citation and cluster analyses of extant literature on social networks[J]. International Journal of Information Management, 2017, 37(5): 390-399.

[168] Rasikannan L, Alli P, Ramanujam E. Extraction of opinion targets and words from reviews using collective parallel cluster algorithm[M]. Computer Networks and Inventive Communication Technologies. Springer, Singapore, 2021: 363-372.

[169] Fang Y, Zheng V W, Chang K C C. Learning to query: Focused web page harvesting for entity aspects [C]. 2016 IEEE 32nd International Conference on Data Engineering (ICDE). IEEE, 2016.

[170] Sinaga K P, Yang M S. Unsupervised K-means clustering algorithm[J]. IEEE Access, 2020, 8: 80716-

80727.

[171] Cohen-Addad V, Kanade V, Mallmann-Trenn F, et al. Hierarchical clustering: Objective functions and algorithms[J]. Journal of the ACM (JACM), 2019, 66(4): 1-42.

[172] Gan J, Tao Y. DBSCAN revisited: Mis-claim, un-fixability, and approximation[C]. Proceedings of the 2015 ACM SIGMOD international conference on management of data, 2015.

[173] Mai S T, Assent I, Le A. Anytime OPTICS: An efficient approach for hierarchical density-based clustering [C]//International Conference on Database Systems for Advanced Applications. Springer, Cham, 2016.

[174] Levene H. Robust tests for equality of variances in contribution to probability and Statistics[J]. Olkin: Stanford University Press, Palo Alto, 1960: 278-292.

[175] Hu X, Sun N, Zhang C, et al. Exploiting internal and external semantics for the clustering of short texts using world knowledge[C]. Proceedings of the 18th ACM conference on Information and knowledge management, 2009.

[176] 王盛, 樊兴华, 陈现麟. 利用上下位关系的中文短文本分类[J]. 计算机应用, 2010, 30(03): 603-606,611.

[177] Jin Y, Fu Y, Ma L. Method of Short Text Classification Based on Frequent Item Feature Extension [J]. Computer Science, 2019, 46(S1): 478-481.

[178] Wang H, Tian K, Wu Z, et al. A short text classification method based on convolutional neural network and semantic extension[J]. Int. J. Comput. Intell. Syst., 2021, 14(1): 367-375.

[179] Zhang X, Wu B. Short text classification based on feature extension using the n-gram model[C]. 2015 12th International Conference on Fuzzy Systems and Knowledge Discovery (FSKD). IEEE, 2015.

[180] Vo D T, Ock C Y. Learning to classify short text from scientific documents using topic models with various types of knowledge[J]. Expert Systems with Applications, 2015, 42(3): 1684-1698.

[181] Sun F, Chen H. Feature extension for chinese short text classification based on LDA and word2vec[C]// 2018 13th IEEE Conference on Industrial Electronics and Applications (ICIEA). IEEE, 2018.

[182] Meng W, Lanfen L, Jing W, et al. Improving short text classification using public search engines[C]. International Symposium on Integrated Uncertainty in Knowledge Modelling and Decision Making. Springer, Berlin, Heidelberg, 2013.

[183] Li J, Cai Y, Cai Z, et al. Wikipedia based short text classification method[C]. International Conference on Database Systems for Advanced Applications. Springer, Cham, 2017.

[184] Ponte J M, Croft W B. A language modeling approach to information retrieval[C]. Proceedings of the 21st annual international ACM SIGIR conference on Research and development in information retrieval, 1998.

[185] Abraham Ittycheriah M F, Roukos S. IBM's statistical question answering system-TREC-10[C]. AUTHOR Voorhees, Ellen M., Ed.; Harman, Donna K., Ed. TITLE The Text REtrieval Conference (TREC-2001) (10th, Gaithersburg, Maryland, November 13-16, 2001). NIST Special, 2001.

[186] Lee G G, Seo J, Lee S, et al. SiteQ: Engineering high performance QA system using lexico-semantic pattern matching and shallow NLP[C]. 10th Text Retrieval Conference, 2001.

[187] Zhang D, Lee W S. Web based pattern mining and matching approach to question answering[C]//11th Text Retrieval Conference, 2002.

[188] Santos R, Murrieta-Flores P, Martins B. Learning to combine multiple string similarity metrics for effective toponym matching[J]. International Journal of Digital Earth, 2018, 11(9): 913-938.

[189] Scheffler T, Schirru R, Lehmann P. Matching points of interest from different social networking sites[C].

Annual Conference on Artificial Intelligence. Springer, Berlin, Heidelberg, 2012.

[190] McKenzie G, Janowicz K, Adams B. A weighted multi-attribute method for matching user-generated points of interest[J]. Cartography and Geographic Information Science, 2014, 41(2): 125-137.

[191] Zhang Y, Huang J, Deng M, et al. Automated matching of multi-scale building data based on relaxation labelling and pattern combinations[J]. ISPRS International Journal of Geo-Information, 2019, 8(1): 38.

[192] Liu X, Croft W B. Passage retrieval based on language models[C]. Proceedings of the eleventh international conference on Information and knowledge management, 2002.

[193] Chau M, Chen H. A machine learning approach to web page filtering using content and structure analysis [J]. Decision Support Systems, 2008, 44(2): 482-494.

[194] Corcoglioniti F, Dragoni M, Rospocher M, et al. Knowledge extraction for information retrieval[C]//European Semantic Web Conference. Springer, Cham, 2016.

[195] Pappu A, Blanco R, Mehdad Y, et al. Lightweight multilingual entity extraction and linking[C]//Proceedings of the Tenth ACM International Conference on Web Search and Data Mining, 2017.

[196] Han X, Gao T, Lin Y, et al. More data, more relations, more context and more openness: A review and outlook for relation extraction[J]. arXiv preprint arXiv:2004.03186, 2020.

[197] Mintz M, Bills S, Snow R, et al. Distant supervision for relation extraction without labeled data[C]//Proceedings of the Joint Conference of the 47th Annual Meeting of the ACL and the 4th International Joint Conference on Natural Language Processing of the AFNLP, 2009.

[198] Qin P, Xu W, Guo J. An empirical convolutional neural network approach for semantic relation classification[J]. Neurocomputing, 2016, 190: 1-9.

[199] Su Y, Liu H, Yavuz S, et al. Global relation embedding for relation extraction[J]. arXiv preprint arXiv:1704.05958, 2017.

[200] Zeng X, He S, Liu K, et al. Large scaled relation extraction with reinforcement learning[C]//Proceedings of the Thirty-Second AAAI Conference on Artificial Intelligence and Thirtieth Innovative Applications of Artificial Intelligence Conference and Eighth AAAI Symposium on Educational Advances in Artificial Intelligence, 2018.

[201] Surdeanu M, Tibshirani J, Nallapati R, et al. Multi-instance multi-label learning for relation extraction [C]//Proceedings of the 2012 joint conference on empirical methods in natural language processing and computational natural language learning, 2012.

[202] Schmitt E J, Jula H. On the Limitations of Linear Models in Predicting Travel Times[C]// Intelligent Transportation Systems Conference. IEEE, 2007.

[203] Kwon J, Coifman B, Bickel P. Day-to-Day Travel Time Trends and Travel Time Prediction from Loop Detector Data[J]. Transportation Research Record Journal of the Transportation Research Board, 2000, 1717:1819-25.

[204] Wang Y, Messmer A, Papageorgiou M. Freeway Network Simulation and Dynamic Traffic Assignment with METANET Tools[J]. Transportation Research Record Journal of the Transportation Research Board, 2001, 1776:178-188.

[205] 高林杰,隽志才,张伟华. 基于微观仿真的路段行程时间预测方法[J]. 武汉理工大学学报(交通科学与工程版),2009,33(03):411-413+417.

[206] Salonen, Maria, Tuuli Toivonen. Modelling travel time in urban networks: comparable measures for private car and public transport[J]. Journal of transport Geography 2013,31: 143-153.

[207] Kang L, Hu G, Huang H, et al. Urban traffic travel time short-term prediction model based on spatio-temporal feature extraction[J]. Journal of Advanced Transportation, 2020, 2020(332):1-16.

[208] Nikovski D, Nishiuma N, Goto Y, et al. Univariate short-term prediction of road travel times[C]//Proceedings. 2005 IEEE Intelligent Transportation Systems, 2005. IEEE, 2005.

[209] Du L, Peeta S, Kim Y H. An adaptive information fusion model to predict the short-term link travel time distribution in dynamic traffic networks[J]. Transportation Research Part B: Methodological, 2012, 46(1): 235-252.

[210] Lee H, Chowdhury N K, Chang J. A new travel time prediction method for intelligent transportation systems [C]//International Conference on Knowledge-Based and Intelligent Information and Engineering Systems. Springer, Berlin, Heidelberg, 2008.

[211] Liu H, Van Zuylen H, Van Lint H, et al. Predicting urban arterial travel time with state-space neural networks and Kalman filters[J]. Transportation Research Record, 2006, 1968(1): 99-108.

[212] Billings D, Yang J S. Application of the ARIMA models to urban roadway travel time prediction-a case study[C]//2006 IEEE International Conference on Systems, Man and Cybernetics. IEEE, 2006.

[213] Yildirimoglu M, Ozbay K. Comparative Evaluation of Probe-Based Travel Time Prediction Techniques Under Varying Traffic Conditions[C]// Transportation Research Board Meeting, 2012.

[214] Zhang J, Chen H, Zhou H, et al. Freeway Travel Time Prediction Research Based on A Deep Learning Approach[C]//2016 4th International Conference on Advanced Materials and Information Technology Processing (AMITP 2016). Atlantis Press, 2016.

[215] Dharia A, Adeli H. Neural network model for rapid forecasting of freeway link travel time[J]. Engineering Applications of Artificial Intelligence, 2003, 16(7/8):607-613.

[216] Chang H, Park D, Lee S, et al. Dynamic multi-interval bus travel time prediction using bus transit data [J]. Transportmetrica, 2010, 6(1):19-38.

[217] Mendes-Moreira J, Jorge A M, Sousa J F D, et al. Comparing state-of-the-art regression methods for long term travel time prediction[J]. Intelligent Data Analysis, 2012, 16(3):427-449.

[218] Lee J, Li G, Wilson J D. Varying-coefficient models for dynamic networks[J]. Computational Statistics & Data Analysis, 2020, 152: 107052.

[219] Yildirimoglu M, Geroliminis N. Experienced travel time prediction for congested freeways[J]. Transportation Research Part B: Methodological, 2013, 53: 45-63.

[220] Elhenawy M, Chen H, Rakha H A. Dynamic travel time prediction using data clustering and genetic programming[J]. Transportation Research Part C: Emerging Technologies, 2014, 42: 82-98.

[221] Van Hinsbergen C, Hegyi A, Van Lint J W C, et al. Bayesian neural networks for the prediction of stochastic travel times in urban networks[J]. IET intelligent transport systems, 2011, 5(4): 259-265.

[222] Hofleitner A, Herring R, Bayen A. Arterial travel time forecast with streaming data: A hybrid approach of flow modeling and machine learning[J]. Transportation Research Part B: Methodological, 2012, 46(9): 1097-1122.

[223] Domenichini L, Salerno G, Fanfani F, et al. Travel time in case of accident prediction model[J]. Procedia-Social and Behavioral Sciences, 2012, 53: 1078-1087.

[224] Li C S, Chen M C. A data mining based approach for travel time prediction in freeway with non-recurrent congestion[J]. Neurocomputing, 2014, 133: 74-83.

[225] Ye Q, Szeto W Y, Wong S C. Short-term traffic speed forecasting based on data recorded at irregular inter-

vals[J]. IEEE Transactions on Intelligent Transportation Systems, 2012, 13(4): 1727-1737.

[226] Zheng C, Li L. The improvement of the forecasting model of short-term traffic flow based on wavelet and ARMA [C]//2010 8th International Conference on Supply Chain Management and Information. IEEE, 2010.

[227] 孙湘海, 刘潭秋. 基于SARIMA模型的城市道路短期交通流预测研究[J]. 公路交通科技, 2008, 25(1): 129-129.

[228] Okutani I, Stephanedes Y J. Dynamic prediction of traffic volume through Kalman filtering theory[J]. Transportation Research Part B: Methodological, 1984, 18(1): 1-11.

[229] Guo J, Huang W, Williams B M. Adaptive Kalman filter approach for stochastic short-term traffic flow rate prediction and uncertainty quantification[J]. Transportation Research Part C: Emerging Technologies, 2014, 43: 50-64.

[230] Ojeda L L, Kibangou A Y, De Wit C C. Adaptive Kalman filtering for multi-step ahead traffic flow prediction[C]//2013 American Control Conference. IEEE, 2013.

[231] Vlahogianni E I, Karlaftis M G, Golias J C. Optimized and meta-optimized neural networks for short-term traffic flow prediction: A genetic approach[J]. Transportation Research Part C: Emerging Technologies, 2005, 13(3): 211-234.

[232] Hu J, Gao P, Yao Y, et al. Traffic flow forecasting with particle swarm optimization and support vector regression[C]//17th international ieee conference on intelligent transportation systems (itsc). IEEE, 2014.

[233] 李建武, 陈森发, 黄鹍. 基于粗集理论和支持向量机的道路网短时交通流量预测[J]. 计算机应用研究, 2010, 27(10): 3683-3685, 3690.

[234] Zhao Z, An S, Wang J. Prediction of traffic flow based on gray theory and BP neural network[C]//International Conference on Transportation Engineering 2007, 2007.

[235] Tang J, Xu G, Wang Y, et al. Traffic flow prediction based on hybrid model using double exponential smoothing and support vector machine [C]//16th International IEEE Conference on Intelligent Transportation Systems (ITSC 2013). IEEE, 2013.

[236] Kuang X, Wu C, Huang Y, et al. Traffic flow combination forecasting based on grey model and GRNN [C]//2010 International Conference on Intelligent Computation Technology and Automation. IEEE, 2010.

[237] Zheng W, Lee D H, Shi Q. Short-term freeway traffic flow prediction: Bayesian combined neural network approach[J]. Journal of transportation engineering, 2006, 132(2): 114-121.

[238] Clark S. Traffic prediction using multivariate nonparametric regression[J]. Journal of transportation engineering, 2003, 129(2): 161-168.

[239] Zhang L, Rao Q, Yang W, et al. An improved k-NN nonparametric regression-based short-term traffic flow forecasting model for urban expressways[M]//ICTE 2013: Safety, Speediness, Intelligence, Low-Carbon, Innovation. 2013: 1214-1223.

[240] Wu S, Yang Z, Zhu X, et al. Improved k-NN for short-term traffic forecasting using temporal and spatial information[J]. Journal of Transportation Engineering, 2014, 140(7): 04014026.

[241] Chan K Y, Dillon T S, Singh J, et al. Neural-network-based models for short-term traffic flow forecasting using a hybrid exponential smoothing and Levenberg-Marquardt algorithm[J]. IEEE Transactions on Intelligent Transportation Systems, 2011, 13(2): 644-654.

[242] Yanqiu W, Qiang L, Jian Z, et al. The city traffic flow prediction based on BP neural network[C]//2008 Chinese Control and Decision Conference. IEEE, 2008.

[243] Song X S, Li H, Wu B H, et al. Elman neural network model of traffic flow predicting in mountain expressway tunnel[C]//2010 International Conference on Computational Intelligence and Software Engineering. IEEE, 2010.

[244] Huang W, Song G, Hong H, et al. Deep architecture for traffic flow prediction: deep belief networks with multitask learning[J]. IEEE Transactions on Intelligent Transportation Systems, 2014, 15(5): 2191-2201.

[245] Chan K Y, Dillon T S. On-road sensor configuration design for traffic flow prediction using fuzzy neural networks and taguchi method[J]. IEEE Transactions on Instrumentation and Measurement, 2012, 62(1): 50-59.

[246] Li Q. Short-time traffic flow volume prediction based on support vector machine with time-dependent structure[C]//2009 IEEE Instrumentation and Measurement Technology Conference. IEEE, 2009.

[247] 崔艳, 程跃华. 小波支持向量机在交通流量预测中的应用[J]. 计算机仿真, 2011, 28(7): 353-356.

[248] Yasufuku K, Kashiwagi T, Abe H. Development of arrangement system of evacuation facilities using genetic algorithm and evaluation the safety based-on crowd movement[J]. Journal of Architecture & Planning, 2014, 79(697): 635-642.

[249] Fruin J J. Designing for pedestrians: A level-of-service concept[M]. Oxford: Polytechnic Vniversity, 1971.

[250] Guo N, Hao Q Y, Jiang R, et al. Uni-and bi-directional pedestrian flow in the view-limited condition: Experiments and modeling[J]. Transportation Research Part C: Emerging Technologies, 2016, 71: 63-85.

[251] Zhao M, Turner S J, Cai W. A data-driven crowd simulation model based on clustering and classification[C]//2013 IEEE/ACM 17th International Symposium on Distributed Simulation and Real Time Applications. IEEE, 2013.

[252] Helbing D, Molnar P. Social force model for pedestrian dynamics[J]. Physical Review E, 1995, 51(5): 4282.

[253] Lakoba T I, Kaup D J, Finkelstein N M. Modifications of the Helbing-Molnar-Farkas-Vicsek social force model for pedestrian evolution[J]. Simulation, 2005, 81(5): 339-352.

[254] Teknomo K. Microscopic pedestrian flow characteristics: Development of an image processing data collection and simulation model[J]. arXiv preprint arXiv:1610.00029, 2016.

[255] Frank G A, Dorso C O. Room evacuation in the presence of an obstacle[J]. Physica A: Statistical Mechanics and its Applications, 2011, 390(11): 2135-2145.

[256] Parisi D R, Dorso C O. Microscopic dynamics of pedestrian evacuation[J]. Physica A: Statistical Mechanics and its Applications, 2005, 354: 606-618.

[257] Johansson F, Peterson A, Tapani A. Waiting pedestrians in the social force model[J]. Physica A: Statistical Mechanics and its Applications, 2015, 419: 95-107.

[258] Han Y, Liu H. Modified social force model based on information transmission toward crowd evacuation simulation[J]. Physica A: Statistical Mechanics and its Applications, 2017, 469: 499-509.

[259] 张开冉, 杨树鹏, 何琳希, 等. 基于社会力模型的车站负重人群疏散模拟研究[J]. 中国安全科学学报, 2017, 27(1): 30-35.

[260] 周侃, 王连震, 林翰. 行人交通仿真社会力模型改进研究[J]. 武汉理工大学学报(交通科学与工程版), 2016, 40(05): 826-829.

[261] 田小川. 改进的社会力模型在综合客运枢纽设施效率分析中的应用研究[D]. 长春:吉林大学,2012.

[262] 罗茜. 人员疏散的社会力修正模型及其仿真研究[D]. 北京:首都经济贸易大学,2010.

[263] Xue S, Jia B, Jiang R, et al. Pedestrian evacuation in view and hearing limited condition: The impact of communication and memory[J]. Physics Letters A, 2016, 380(38): 3029-3035.

[264] 杨晓霞. 基于社会力模型的地铁枢纽站行人流动态特性与疏散研究[D]. 北京:北京交通大学,2017.

[265] Minsky M. Society of mind: A response to four reviews[J]. Artificial Intelligence, 1991, 48(3): 371-396.

[266] Shao W, Terzopoulos D. Autonomous pedestrians[J]. Graphical models, 2007, 69(5-6): 246-274.

[267] Pan Z, Cheng X, Chen W, et al. Real time falling animation with active and protective responses[J]. The Visual Computer, 2009, 25(5): 487-497.

[268] Shi C, Zhong M, Nong X, et al. Modeling and safety strategy of passenger evacuation in a metro station in China[J]. Safety Science, 2012, 50(5): 1319-1332.

[269] Ha V, Lykotrafitis G. Agent-based modeling of a multi-room multi-floor building emergency evacuation [J]. Physica A: Statistical Mechanics and its Applications, 2012, 391(8): 2740-2751.

[270] Kasereka S, Kasoro N, Kyamakya K, et al. Agent-Based modelling and Simulation for Evacuation of People from a building in case of fire[J]. Procedia Computer Science, 2018, 130: 10-17.

[271] Joo J, Kim N, Wysk R A, et al. Agent-based simulation of affordance-based human behaviors in emergency evacuation[J]. Simulation Modelling Practice and Theory, 2013, 32: 99-115.

[272] Fachri M, Juniastuti S, Nugroho S M S, et al. Crowd evacuation using multi-agent system with leader-following behaviour[C]//2017 4th International Conference on New Media Studies (CONMEDIA). IEEE, 2017.

[273] 杨雨澎. 基于Agent的人群疏散模型研究与应用[D]. 长春:吉林大学,2016.

[274] 王勃超. 基于Agent地铁人员疏散模型仿真研究[D]. 杭州:中国计量学院,2016.

[275] 魏超. 基于Multi-Agent的人群疏散仿真模型的研究[D]. 长沙:中南大学,2011.

[276] 靳宁. 基于Agent系统下的新蚁群算法安全疏散路径研究[D]. 南昌:南昌航空大学,2018.

[277] 魏心泉,王坚. 基于熵的火灾场景介观人群疏散模型[J]. 系统工程理论与实践,2015,35(10): 2473-2483.

[278] 徐高. 基于智能体技术的人员疏散仿真模型[J]. 西南交通大学学报,2003(03):301-303.

[279] Song X, Sun J, Xie H, et al. Characteristic time based social force model improvement and exit assignment strategy for pedestrian evacuation[J]. Physica A: Statistical Mechanics and its Applications, 2018, 505: 530-548.

[280] Jennings N R, Wooldridge M J. Agent technology: foundations, applications, and markets[M]. Springer Science & Business Media, 2012.

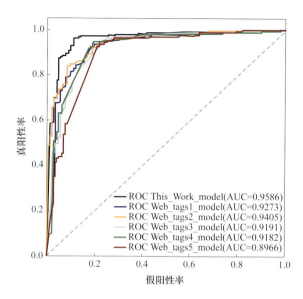

图 3.16 基础模型与 LRDM 的 ROC 曲线和 AUC 分值对比

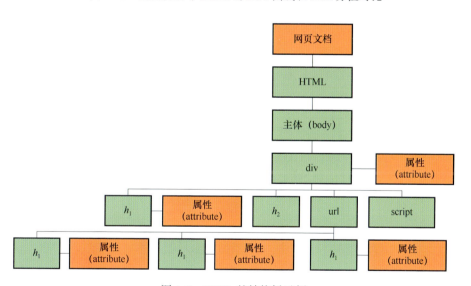

图 4.9 HTML 的结构树示例

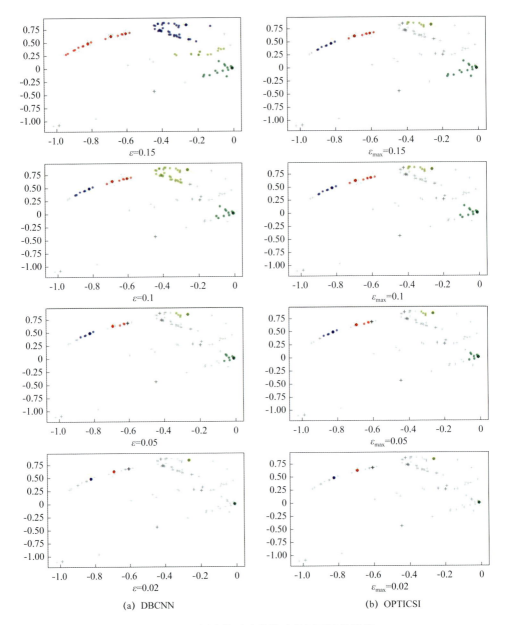

图 4.11 不同参数时聚类算法的网页聚类效果

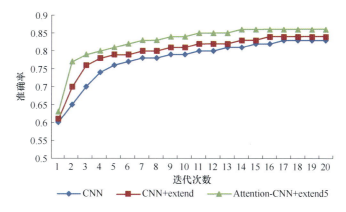

图 5.13 迭代次数对模型准确率影响

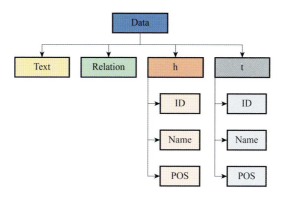

图 6.6 NYT 数据的树形结构

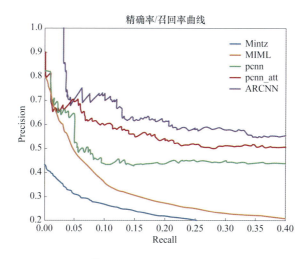

图 6.7 ARCNN 模型 Precision/Recall 曲线的基线对比实验

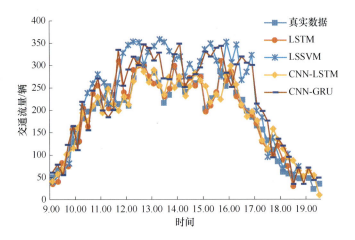

图 7.12　5 种预测模型预测结果比较图

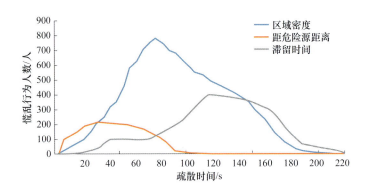

图 7.31　无引导作用场景 3 种因素影响慌乱行为人数

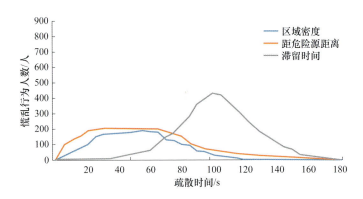

图 7.32　有引导作用场景 3 种因素影响慌乱行为人数